Gerhard Koop/Klaus-Peter Schmolke · Die Schlachtschiffe der BISMARCK-Klasse

Schiffsklassen und Schiffstypen der deutschen Marine

Band 1

Bernard & Graefe Verlag

Gerhard Koop/Klaus-Peter Schmolke

Die Schlachtschiffe der BISMARCK-Klasse

BISMARCK und TIRPITZ: Höhepunkt und Ende des deutschen Schlachtschiffbaues

Bernard & Graefe Verlag

Alle *Pläne und Skizzen* fertigte Klaus-Peter Schmolke.

Bildnachweis: Kriegsmarinewerft Wilhelmshaven (24), Royal Navy/Royal Air Force (18), PK/Sammlungen Koop/Gally (118), Dünnhaupt (3), Schwettmann (9), AP (1), Klein (3), Schmolke (11).

Die *Titelabbildung* zeigt das Schlachtschiff TIRPITZ 1941 in der Ostsee.

Herstellung und Layout: Walter Amann, München
Lithos: Repro GmbH, Ergolding/Landshut
Satz, Druck und Bindung: Rieß-Druck, Benediktbeuern
Printed in Germany

ISBN 3-7637-5890-9

Inhalt

Vorwort

Der erste Band der neuen Buchreihe »Schiffsklassen der deutschen Marine« ist der BISMARCK-Klasse gewidmet, den beiden Schlachtschiffen BISMARCK und TIRPITZ, den größten je in Deutschland gebauten und fertiggestellten Großkampfschiffen.
BISMARCK und TIRPITZ waren Krönung, zugleich aber auch Abschluß eines — aus heutiger Sicht von den strategischen Grundgegebenheiten her — verfehlten deutschen Großkampfschiffbaues. Beiden Einheiten war nur ein kurzes Leben beschieden: Noch im Frieden begonnen, erfolgte die Indienststellung erst während des Zweiten Weltkrieges. Das Schicksal der BISMARCK war Triumph und Tragik zugleich, und die TIRPITZ konnte ihren Wert eigentlich nur durch ihre »Existenz« für begrenzte Zeit unter Beweis stellen — für ein Kriegsschiff dieser Dimension wohl zu wenig. Verkrochen in den Tiefen norwegischer Fjorde ereilte sie ihr Schicksal: Sie wurde aus der Luft und von »unter Wasser« her vernichtet. Den Untergang der BISMARCK am Ende ihres ersten und zugleich letzten Einsatzes kommentierte der britische Flottenchef, Admiral Sir John Tovey, seiner Flotte mit folgenden Worten:
»Die BISMARCK hat einen hervorragend tapferen Kampf in aussichtsloser Lage gekämpft, würdig der alten Tradition der kaiserlich-deutschen Marine; sie ist mit wehender Flagge gesunken.« (Deutsche Übersetzung aus: Bennett, Seeschlachten im Zweiten Weltkrieg, Koblenz/Bonn 1981).
Mit dem Band über die BISMARCK-Klasse wird eine Buchreihe begründet, in der in loser Folge Schiffsklassen der deutschen Marine dargestellt werden. Der Schwerpunkt soll im Bild liegen, in der exakten Wiedergabe der technischen Grundlagen und in instruktiven, maßstabsgetreuen Konstruktionsplänen und Detailskizzen. Zielsetzung bei der Bildauswahl ist, daß vor allem bisher nicht veröffentlichte Aufnahmen, möglichst auch aus Privatbesitz, herangezogen werden. Berücksichtigt werden soll aber auch jeweils, was bisher an Veröffentlichungen zur Verfügung steht, um breite Wiederholungen zu vermeiden und dafür möglichst viele Abbildungen unterzubringen. Nach diesem Prinzip wurde im wesentlichen auch im vorliegenden Band verfahren.
Die Bände dieser Reihe, die die jeweilige Schiffsklasse in ihrer Gesamtheit darstellen, sollen jeweils durch zwei weitere Publikationen ergänzt werden: zum einen durch ein Heft unter dem Serientitel »Vom Original zum Modell«, zum anderen um eine »Planrolle«. Diese »Bild- und Plandokumentation« wird in der Regel dem jeweiligen Typschiff vorbehalten sein, wiewohl dies im vorliegenden Fall bei der BISMARCK-Klasse wegen der unzureichenden Quellenlage zur BISMARCK nicht möglich ist und daher die TIRPITZ herangezogen werden mußte.
Das Heft soll insbesondere die technische Darstellung anhand von weiteren Detailaufnahmen bau- und waffentechnischer Einzelheiten ergänzen und zusammen mit umfangreichem Planmaterial, exakten und maßstabsgetreuen Konstruktionsplänen und Detailskizzen, eine hochkarätige Informationsquelle und Fundgrube für jeden werden, der sich für die Technik von Schlachtschiffen interessiert, nicht zuletzt für den Modellbauer. Ein jeweils abschließender Bildbericht über Modelle des behandelten Schiffes soll die Möglichkeiten und Leistungen des Modellbaus dokumentieren. Das Planmaterial, das im Heft zwar vollständig, jedoch nur stark verkleinert wiedergegeben werden kann, ist zusätzlich komplett in einer separaten »Planrolle« im Großformat (DIN A1) erhältlich.
Der Dank des Autors gebührt zuallererst Klaus-Peter Schmolke, der alle Pläne und Skizzen in vollendeter Form fertigte. Des weiteren danke ich Herrn Fregattenkapitän a.D. A. Schmolke, der von Oktober 1940 bis August 1942 als E-Stabsobermaschinist zur Besatzung der TIRPITZ gehörte und das Manuskript kritisch durchsah. Ich danke ferner Herrn F. Bavendamm, der mir bei Auswahl und Reproduktion von Fotos fachmännisch zur Seite stand. Nicht zuletzt gilt mein Dank aber auch dem Bernard & Graefe Verlag und seinem mir entgegengebrachten Vertrauen, diese Reihe zu realisieren. Informationen und Anregungen aus dem Kreis der Leser sind stets willkommen.

Gerhard Koop

Vorgeschichte und Bau der BISMARCK-Klasse

Mit Abschluß des deutsch-englischen Flottenabkommens vom 18. Juni 1935 war auch für die deutsche Marine der Weg offen zum Bau echter Großkampfschiffe, die in ihren Dimensionen, in ihrer Armierung und von der Konzeption her ausländischen Einheiten dieses Schiffstyps entsprachen.
Bis dahin war es Deutschland nicht erlaubt, Schiffe zu bauen, die die Obergrenze von 10 000 ts überschritten. Diese Grenze erreichten die drei Panzerschiffe der DEUTSCHLAND-Klasse. Die etwas später gebauten, in ihrer ersten Konfiguration ebenfalls als Panzerschiffe geplanten, beiden Schlachtschiffe SCHARNHORST und GNEISENAU überschritten die erlaubte Größe erheblich. Sie stellten also gewissermaßen einen Bruch bestehender Verträge dar, wurden dann aber durch das Flottenabkommen praktisch nachträglich sanktioniert. Beide waren jedoch nicht mehr als eine gelungene Zwischenlösung.
Daß es zu diesem Flottenabkommen kam, lag mit Sicherheit an den vom Deutschen Reich freiwillig angebotenen Begrenzungen der deutschen Flotte im Verhältnis zum Umfang der Royal Navy, so daß von britischer Seite keine Bedenken aufkamen, eine künftige deutsche Flotte würde ihr die immer noch vorhandene Seeherrschaft streitig machen können.
Für Deutschland bedeutete das Abkommen immerhin, daß — zumindest in bezug auf die Seestreitkräfte — alle mit dem am 28. Juni 1919 unterzeichneten und am 10. Januar 1920 in Kraft getretenen Versailler Friedensvertrag auferlegten Verbote und Beschränkungen aufgehoben waren.
Dieser große, »hochoffizielle« Bruch des Versailler Vertrages war von Großbritannien (so sahen dies auch die Franzosen), **nicht** aber von Deutschland zu verantworten. Dieser 18. Juni 1935 wird in allen in- und ausländischen Aufrechnungen über die »einseitigen« Verletzungen des Versailler Vertrages durch Deutschland gerne »vergessen«. Soweit es die Größe und Bewaffnung der mit dem Abkommen erfaßten Schiffstypen betraf, orientierte man sich an den Verträgen, die die Hauptseemächte inzwischen geschlossen hatten:

☐ Das Washingtoner Abkommen vom 6. Februar 1922, das der »Begrenzung der Seerüstung« galt und das die fünf großen Seemächte USA, Großbritannien, Japan, Frankreich und Italien unterzeichnet hatten. In ihm wurde u.a. die Gesamttonnage der einzelnen Seemächte innerhalb der Schiffstypen, insbesondere der Großkampfschiffe und Kreuzer, festgelegt, darüber hinaus die Anzahl der Einheiten der einzelnen Klassen, ihre Größe und Bewaffnung u. a. m. Viele Großkampfschiffe mußten abgewrackt werden, für Neubauten kam es zu einer Zehn-Jahres-Sperrfrist (mit Ausnahmen). Die Größe der künftigen Großkampfschiffe durfte 35 000 ts nicht überschreiten, ihr schwerstes Kaliber wurde auf 38,1 cm festgeschrieben.
Mit der Größenbegrenzung wurde erstmals der Begriff »Standardverdrängung« festgelegt und definiert.

Standardverdrängung ist die Wasserverdrängung des vollkommen fertiggestellten, vollbemannten, mit Maschinen versehenen und zum Auslaufen fertig ausgerüsteten Schiffes, einschließlich der ganzen Bewaffnung, Munition, Betriebsmittel, Ausrüstung, Lebensmittel und Frischwasser für die Bemannung, mit verschiedenen anderen Vorräten und Geräten jeder Art, welche im Kriege mitgeführt werden, jedoch ohne daß das Heizmaterial oder das Reservespeisewasser an Bord ist.

☐ Die Londoner Flottenkonferenz vom 22. April 1930, in der das Washingtoner Abkommen nicht nur noch einmal bestätigt und verlängert wurde, sondern auch weiterreichende Festlegungen im Hinblick auf Größe und Armierung von Kreuzern und Zerstörern getroffen wurden. Dieses Abkommen unterzeichneten die USA, Großbritannien und Japan.

☐ Dem deutsch-britischen Abkommen von 1935 folgte schließlich am 25. März 1936 ein weiterer Londoner Vertrag. In diesem wurde die Standardverdrängung neu definiert, außerdem wurden erneut einzelne Schiffsklassen, ihre Bewaffnung und Größe neu festgelegt. Dieser Vertrag wurde jedoch von Japan und Italien nicht mehr mitgetragen, sie hatten längst neue Wege beschritten, und auch die USA waren nur noch halbherzig dabei.

Standardverdrängung eines Überwasserfahrzeuges ist die Verdrängung des fertigen Schiffes, voll bemannt, mit allen Maschinen versehen und zum Inseegehen ausgerüstet, einschließlich der gesamten Bewaffnung, Munition, Ausrüstung und Einrichtung, Vorräten an Lebensmitteln und Frischwasser für die Besatzung sowie verschiedener Vorräte und Geräte jeder Art, die im Kriege mitgeführt werden sollen, jedoch ohne Brennstoff und Reservekesselwasser.

Die deutsche Marine betrat mit dem nunmehr vertraglich abgesicherten Bau der beiden geplanten Schlachtschiffe »F«, Ersatz HANNOVER, später BISMARCK, und »G«, Ersatz SCHLESWIG-HOLSTEIN, später TIRPITZ, praktisch Neuland, denn immerhin waren rund 20 Jahre vergangen, seitdem für die deutsche Flotte Großkampfschiffe gebaut worden waren:

- ☐ Kaiserliche Werft Wilhelmshaven:
  Großlinienschiff KÖNIG (Stapellauf 1913)
  Großer Kreuzer HINDENBURG (Stapellauf 1915)
  Großer Kreuzer Ersatz A (Baubeginn 1915, unvollendet)
- ☐ Blohm & Voß, Hamburg:
  Großer Kreuzer DERFFLINGER (Stapellauf 1913)
  Großer Kreuzer MACKENSEN (Baubeginn 1914, unvollendet)
  Großer Kreuzer PRINZ EITEL FRIEDRICH (Baubeginn 1915, unvollendet)
  Großer Kreuzer Ersatz SCHARNHORST (Baubeginn 1916, unvollendet)

Auf diesen beiden Werften sollten die beiden Einheiten entstehen. Es waren zugleich auch wohl (ausgenommen die Deutschen Werke Kiel, 1919 aus der Kaiserlichen Werft entstanden, aber mit anderen Bauvorhaben voll ausgelastet, desgleichen auch weitere deutsche Großwerften) die beiden einzigen Werften, die überhaupt in der Lage waren, Schiffe dieses Typs und dieser Größe zu bauen.

Der Amtsentwurf stammte bereits aus dem Jahr 1933, der endgültige Entwurf wurde 1936 abgeschlossen. Während des Baues kamen dann zahlreiche Änderungen, Zu- und Ausbauten hinzu. Verantwortlicher Bearbeiter im Konstruktionsamt der Marine war Ministerialrat Hermann Burkhardt, der später auch für den Stapellauf der TIRPITZ verantwortlich zeichnete. Die Konstruktion basierte auf dem sich bei der Kaiserlichen Marine bewährten Quer- und Längsspantsystem. Der Schiffskörper war in 22 wasserdichte Abteilungen (I - XXII) unterteilt und zu etwa 90 Prozent geschweißt. Der Doppelboden nahm etwa 83 Prozent der Schiffslänge ein. Der Vorsteven besaß einen kleinen Bugwulst, der Schiffsboden vier Dock-Kiele. Der Grundentwurf orientierte sich nach der Standardverdrängung von 35 000 ts.

Der Endentwurf von 1936 sah noch zwei hintereinanderliegende Flugzeugkatapulte zwischen Schornstein und achterem Kommandoturm vor. 1938 wurde das aufgrund britischer Erfahrungen geändert. Zugleich kam es zu Änderungen der Vorbrücke und im Bereich des Oberdecks mit seinen Aufbauten.

Obwohl beide Schiffe typgleich waren und zu einer Klasse gehörten, wiesen sie zum Teil erhebliche Unterschiede auf.

Während die BISMARCK stets eine silbergraue Schornsteinkappe hatte, war die der TIRPITZ immer schwarz. Auf der BISMARCK standen die beiden Kräne drei Meter weiter nach achtern und 3,5 Meter weiter zur Bordwand, auf der TIRPITZ befanden sie sich auf dem Aufbaudeck. Auf der BISMARCK waren die jeseits stehenden 10,5-cm-Flak (Stb II und Bb II) um fünf Meter binnenbords gesetzt. Die BISMARCK lief noch mit geradem Vorsteven von Stapel, bei der TIRPITZ wurde der Atlantiksteven sofort mitgebaut. Beide Schiffe erhielten noch vor der Indienststellung eine an der Panzerunterkante in der Konstruktionswasserlinie verlaufende MES-Schleife.

Die TIRPITZ erfuhr im Verlauf ihrer Indiensthaltung waffenmäßig mehrere Veränderungen. Neben einer Vermehrung der 2-cm-Einzelflak kamen zusätzlich 2-cm-Vierlinge zur Aufstellung, z. B. auf dem Turm B und auf der Vorbrücke, 1944 waren auf jeder Schiffsseite neun 2-cm-Vierlinge postiert.

Die großen, am Schornstein unter einer Splitterschutzkalotte stehenden Scheinwerfer der TIRPITZ wurden ausgebaut, und an ihre Stelle kam Flak zur Aufstellung.

Auf der BISMARCK befand sich auf jeder Seite des Schornsteins ein Einzelhangar und ein Doppelhangar am Fuß des Großmastes, so daß sie sechs Flugzeuge mitführen konnte.* Die TIRPITZ hatte am Großmast nur zwei Hangars für jeweils zwei Flugzeuge, so daß sie nur vier Flugzeuge mitführen konnte, zwei weitere hätten nur auf dem Katapult Platz gefunden.

Der obere Teil des Großmastes war teleskopartig ein- und ausfahrbar.

* Tatsächlich hat die BISMARCK später nie mehr als vier Flugzeuge mitgeführt.

Stapellaufzeremonie bei Blohm & Voß, Hamburg. Die BISMARCK vor der Taufe.

Die BISMARCK-Klasse: Daten, Panzerung, Bewaffnung, Feuerleit- und Radar-Geräte, Schiffstechnische Anlage

Allgemeine Daten

	BISMARCK	TIRPITZ
Baukosten	196,8 Mio RM	191,6 Mio RM
Vermessung	28 181 BRT 11 110 NRT	28 160 BRT
Verdrängung, offiziell	35 000 ts	35 000 ts
tatsächliche Verdrängung: Leer	39 517 t (Aug. 1940)	39 539 t (Febr. 1941)
Konstruktion	45 451 t (Aug. 1940)	45 474 t (Febr. 1941)
Voll	49 406 t (Aug. 1940)	49 429 t (Febr. 1941)
Maximal	50 405 t (Aug. 1940)	50 425 t (Febr. 1941) 53 500 t 1944
Länge über alles	250,5 m	253,6 m
Länge cwl	241,55 m	241,72 m
Breite	36 m	36 m
Tiefgang, maximal	10,2 m (bei 49 406 t)	10,61 m (bei 52 890 t)
Konstruktionstiefgang	9,3 m	9,9 m
Seitenhöhe (gemessen von Oberkante Kiel)	15 m	15 m
Antriebsleistung (Konstruktion)	138 000 WPS	138 000 WPS
(maximal)	150 170 WPS	163 026 WPS
bei:		
Wellendrehzahl (Konstruktion)	250 U/min	250 U/min
(maximal)	278 U/min	278 U/min
Konstruktionsgeschwindigkeit	28 kn	29 kn
Maximale Geschwindigkeit	30,8 kn	30,8 kn
Fahrbereich	8 525 sm: 19 kn	8 870 sm: 19 kn 9 280 sm: 16 kn
Brennstoffvorrat (Konstruktion)	3 200 m^3	3 200 m^3
(maximal)	7 400 m^3	7 780 m^3
Besatzung	103 Offiziere 1 962 Mann + 27 (1941)	108 Offiziere 2 500 Mann (1943)
Wasserdichte Abteilungen	XXII	XXII
Tiefertauchung um 1 cm bei	+ 57,3 t	
Einheitstrimm-Moment	66 904 m^4	
Ein Doppelkatapult	4 Flugzeuge Typ Arado Ar 196	4 Flugzeuge Typ Arado Ar 196
Scheinwerfer, dreiachsig stabilisiert und zentral gesteuert	7	7 (die auf der Schornsteinplattform wurden später durch Flak ersetzt)
Kräne	2	2

	BISMARCK	TIRPITZ
Beiboote	3 Chefboote, 4 V-Boote, eine Motorbarkasse, 2 Kutter, 2 Dingis, 2 Jollen. Auf TIRPITZ wahrscheinlich später weniger	
Anker	3 Bug und 1 Heck	

Entwurfs- und Konstruktionsdaten (nach Witte, Stand 1936/38)

	BISMARCK	TIRPITZ
Länge_{cwl}	241,5 m	241,5 m
Breite_{cwl}	36,0 m	36,0 m
Seitenhöhe, gemessen von Oberkante Kiel	15,0 m	15,0 m
Freibord mitte	5,67 m	5,67 m
Freibord vorne	8,8 m	8,8 m
Konstruktionstiefgang	9,33 m	9,33 m
Konstruktionswellenleistung, maximal, nicht forciert	111 000 WPS	111 000 WPS
Konstruktionsgeschwindigkeit, maximal, nicht forciert	31,5 kn	31,5 kn
Besatzung	2 200 Mann	2 200 Mann
Baustahl	ST 52	ST 52
Hauptartillerie	8 × 38 cm	8 × 38 cm
Nebenartillerie ohne Maschinenwaffen	12 × 15 cm 14 × 10,5 cm	12 × 15 cm 14 × 10,5 cm
Torpedowaffen	keine	keine
Flugzeuge	4	4
Panzerdicke (Deck) maximal (Seite) maximal	ca. 110 mm ca. 380 mm	ca. 110 mm ca. 380 mm
Fahrstrecke bei Marschfahrt	ca. 9 250 sm: 19 kn	ca. 9 250 sm: 19 kn
Formkoeffizienten bei einer Verdrängung von 45 951 t:		
Verhältnis Länge_{cwl}/Breite	6,71	6,71
Verhältnis Breite/Tiefgang	3,85	3,85
Völligkeitsgrad der Konstruktionsverdrängung (δ)	0,55	0,55
Völligkeitsgrad der cwl (δ)	0,66	0,66
Verhältnis δ/α	0,83	0,83
Völligkeitsgrad des Hauptspantes (β)	0,97	0,97
Verhältnis δ/β	0,57	0,57
Die Gewichtsgruppen:		
Schiff (S I - S IV) einschließlich tragende Panzer dazu Schiffsgeräte, Verbrauchsstoffe, Besatzung, Effekten, Proviant, Frischwasser	11 691 t (die Angaben für BISMARCK nach Gröner)	11 691 t

	BISMARCK	TIRPITZ
Panzerung ohne Drehtürme	17 450 t	17 450 t
Hauptmaschinenanlage (M I) mit Geräten	2 800 t	2 800 t
Brennstoff, Schmieröl, Kesselspeisewasser		7 216 t
Schiffbauliche Hilfsmaschinen (M II) mit Geräten	1 428 t	1 428 t
Artillerie mit Geräten (+ Munition)	(+ Panzer der Artillerie) 5 973 t	5 973 t (7 577 t)
Torpedowaffe	—	—
Flugzeugausrüstung	83 t	80 t
Sperrwaffen	8 t	8 t
Allgemeine Geräte	369,4 t	361 t
Nautische Geräte	8,6 t	9 t
Takelage	30 t	30 t
Leeres Schiff mit Geräten	39 931,2 t	39 931 t
Artilleriemunition	1 510,4 t	1 510 t
Torpedos	—	—
Sperrmittel	2,5 t	3 t
Flugzeugmunition	—	—
Verbrauchsstoffe	155,4 t	156 t
Besatzung / Effekten	243,6 t	247 t
Proviant	194,2 t	194 t
Typenverdrängung (ohne Trink- und Waschwasser)	42 343,5 t	42 077 t
Trinkwasser	139,2 t	139 t
Waschwasser	167 t	167 t
Kesselspeisewasser	187,5 t (Gefechtszellen)	188 t
Heizöl	3 226 t	3 226 t
Dieselkraftstoff (damals Treiböl genannt)	96,5 t	94 t
Schmieröl	80 t	80 t
Flugzeugbetriebsmittel	17 t (eine Füllung)	17 t
Konstruktionsverdrängung	45 950,5 t	45 951 t
Zuladung an: Kesselspeisewasser	187,5 t	188 t
Heizöl	3 226 t	3 226 t
Dieselkraftstoff	96,5 t	97 t
Schmieröl	80 t	80 t
Flugzeugbetriebsmittel	17 t	17 t
Reservefrischwasser	389,2 t	389 t
Volle Verdrängung	49 946,7 t BISMARCK außerdem Sonderzuladung Brennstoff 1009 t, dadurch volle Verdrängung 50 955,7 t	49 948 t

	BISMARCK		TIRPITZ
Die Gewichtsgruppen (abgerundet und in Prozenten, nach Hadeler)			
Schiffskörper	12 700 t	27,0 %	
Antriebsanlage	3 000 t	6,4 %	
Schiffsbetriebsanlagen	1 400 t	3,0 %	
Artillerie	5 500 t	11,8 %	
Panzerung	18 700 t	40,0 %	
Ausrüstung	900 t	2,0 %	
Brennstoff	4 000 t	8,4 %	
Speisewasser	530 t	1,0 %	
Sperrwaffen	100 t	0,2 %	
Flugzeuge	100 t	0,2 %	
	46 980 t	100,0 %	
Die Hauptgewichtsgruppen in Prozenten, nach Witte			
Schiffskörper	25,4		25,4
Panzer	38,1		38,1
M I	6,1		6,1
M II	3,1		3,1
Waffen einschließlich Flugzeugausrüstung	16,5		16,5
Geräte und Versorgung	1,2		1,2
Besatzung, Effekten, Proviant	1,0		1,0
Trink- und Waschwasser	0,7		0,7
Kesselspeisewasser	0,4		0,4
Brennstoff	7,5		7,5
Stabilitätswerte: Metazentrische Höhe (MG) bei		40 200 t = 3,60 43 700 t = 3,55 45 951 t = 3,87 47 200 t = 4,00 50 956 t = 4,23 53 200 t = 4,40	
Maximale Stabilität bei Krängungswinkel von		40 200 t = 35° 43 700 t = 34° 47 200 t = 33° 53 200 t = 31°	
Stabilitätsumfang (Kenterpunkt) bei		40 200 t = 53° 43 700 t = 55° 47 200 t = 59° 53 200 t = 65°	

Die Panzerung

Das Panzermaterial bestand zum überwiegenden Teil aus KC-Panzerstahl. KC = Krupp cemented (zementiert), d. h. Kohlenstoffanteil 0,34 Prozent, Nickelanteil 3,78 Prozent, Mangan 0,31 Prozent und Chrom 2,06 Prozent. Hinzu kam die Klassifizierung in Ww = Wotan, weich und Wh = Wotan, hart.

Wh hatte eine Zerreißfestigkeit von 85 - 95 kg/mm², eine Dehnung von 20 Prozent und eine Streckgrenze von 50 - 55 kg/mm²

Ww hatte eine Zerreißfestigkeit von 65 - 70 kg/mm², eine Dehnung von 25 Prozent und eine Streckgrenze von 38 - 40 kg/mm²

Gürtelpanzer	300 mm KC, nach oben auf 270 mm, nach unten auf 170 mm abnehmend
Zitadelle	145 mm KC mit 50 mm Teakholzhinterlage
Außenhaut vorn	60 mm Wh, geschweißt
Außenhaut hinten	80 mm Wh, geschweißt
Splitterlängsschott im oberen Schiff	25 mm Wh, geschweißt
Panzerquerschott unter dem Panzerdeck zwischen den Torpedoschotts	200 mm Wh
Panzerquerschotts bis oberes Plattformdeck von der Außenhaut bis zum Torpedoschott	100 mm Wh
Panzerquerschott unter dem oberen Plattformdeck zwischen den Torpedoschotts	80 mm Wh
Panzerquerschott unter dem oberen Plattformdeck zwischen Torpedoschott und Außenhaut	20 mm Wh
Torpedolängsschott	45 mm Ww, genietet
Panzerdeck	80 mm Wh, genietet
Panzerdeck über Munitionskammern	100 mm Wh
Panzerdeck im Vorschiff	30 mm Wh
Panzerdeck achtern	80 mm Wh
Panzerdeck über Rudermaschinenanlage	100 mm Wh
Oberdeck	50 mm Wh, geschweißt
Oberdeck neben dem Turm	80 mm Wh, geschweißt
Barbetten der 38-cm-Türme	340 mm KC (Mitte vorn), 340 mm KC (Seiten), 340 mm KC (hinten), — TIRPITZ hinten 220 mm KC
38-cm-Türme	360 mm KC (Front), 220 mm KC (Seiten), 320 mm KC (Rücken), 180 mm KC (Decken vorn), 130 mm KC (Decken hinten)
15-cm-Türme	100 mm KC (Front), 40 mm KC (Seiten), 40 mm KC (Rücken), 40 mm KC (Decken)
10,5 cm	20-mm-Schilde
Vorderer Kommandoturm	350 mm KC (Seiten/Böschung), 200 mm KC (Decke), 220 mm KC (Verbindungsschacht), 70 mm KC (Deck)
Achterer Kommandoturm	150 mm KC (Seiten/Böschung), 50 mm KC (Verbindungsschacht)
Oberer Gürtelpanzer	145 mm KC
Böschung des Gürtelpanzers, mittschiffs und an den Enden	320 mm KC auf BISMARCK, 315 KC auf TIRPITZ (und abnehmend auf 170 mm)
Decks:	
Oberdeck über Maschinenanlage, Mitte	50 mm Wh (BISMARK und TIRPITZ)
Oberdeck über Magazinen, Mitte	80 mm Wh (BISMARCK und TIRPITZ)
Böschung über der Maschinenanlage	110 mm Wh (BISMARCK und TIRPITZ)
Böschung über den Magazinen	110 mm Wh (BISMARCK und TIRPITZ)
Panzerdeck über der Maschinenanlage, Mitte	80 mm Wh (BISMARCK), 50 mm Wh (TIRPITZ)
Panzerdeck über den Magazinen, Mitte	95 mm Wh (BISMARCK), 100 mm Wh (TIRPITZ)
Böschung über der Maschinenanlage	110 mm Wh (BISMARCK und TIRPITZ)
Böschung über den Magazinen	120 mm Wh (BISMARCK und TIRPITZ)

Seitenschutz:	
Turm A auf einer Tiefe von 3,05 m	Schottdicke 53 mm, Torpedoschott 45 mm
Turm B auf einer Tiefe von 3,51 m	Schottdicke 53 mm, Torpedoschott 45 mm
Mittschiffs auf einer Tiefe von 5,5 m	Schottdicke 53 mm, Torpedoschott 45 mm
Turm C auf einer Tiefe von 3,35 m	Schottdicke 53 mm, Torpedoschott 45 mm
Turm D auf einer Tiefe von 3,05 m	Schottdicke 53 mm, Torpedoschott 45 mm

Basisgerät Kommandoturm	100 mm KC (horizontal), 200 mm KC (Böschung)
Basisgerät hinterer Kommandoturm	50 mm KC (horizontal), 150 mm KC (Böschung)
Mars	20 mm (horizontal), 60 mm (Seiten)
Basisgeräte	20 mm KC (horizontal), 50 mm KC (Seiten)

Unterwasserschutz: Der Schiffsschutz bot Sicherheit gegen Sprengladungen von 250 kg TNT. Die Panzertiefe betrug 5,5 m, die Dicke der Längsschotte 53 mm. Das ganze Bodenschutzsystem hatte eine Tiefe von 1,7 m.

Die Sicherheitszone für die Zitadelle lag gegen 38,1-cm-Geschoße von 1016 kg zwischen 10 973 und 21 031 m (für die Maschinenanlage) und bei 23 319 m (für die Magazine).

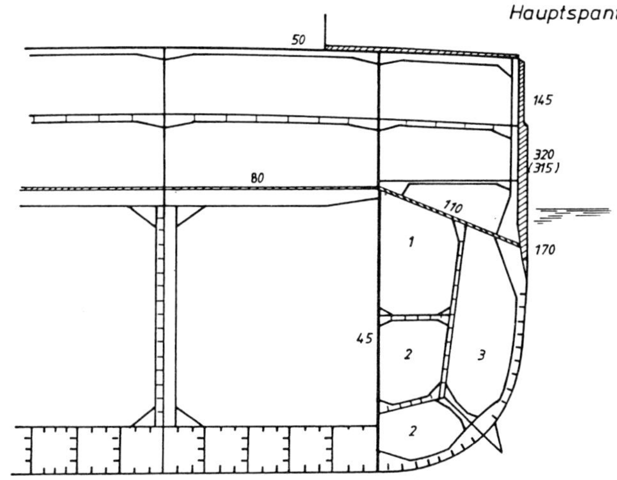

1 = Speisewasserzelle
2 = Heizölbunker
3 = Wallgang

Die Anordnung und Verteilung der Panzerung

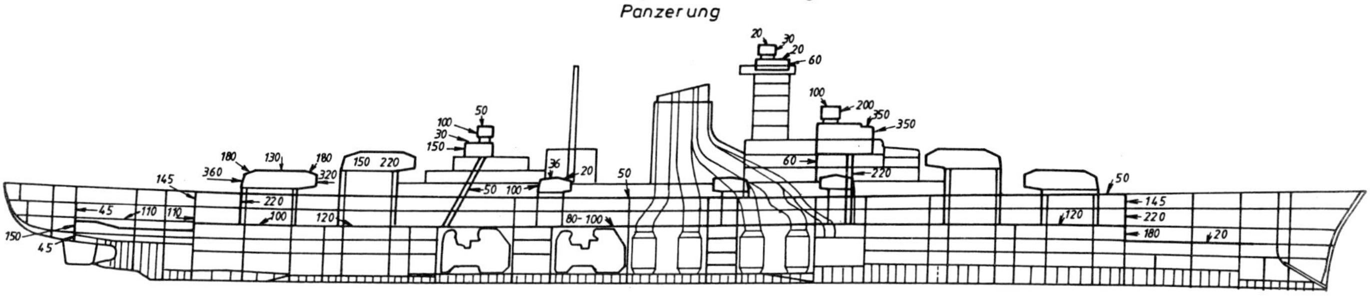

Längsschnitt

Die Bewaffnung

	BISMARCK	TIRPITZ
Schwere Artillerie (SA)	8 SK 38 cm/L 47	8 SK 38 cm/L 47
Mittelartillerie (MA)	12 SK 15 cm/L 55	12 SK 15 cm/L 55
Fliegerabwehrkanonen (Flak)	16 × 10,5 cm/L 65 16 × 3,7 cm/L 83 12 × 2 cm	16 × 10,5 cm/L 65 16 × 3,7 cm/L 83 12 × 2 cm, im Verlauf des Krieges mehrfache Wechsel, im Juli 1944: 78 × 2 cm
Torpedobewaffnung	—	8 Decks-TR 53,3 cm in Vierergruppen ab Ende 1941/Anfang 1942
Munitionsvorräte der SA	840 - 960	840 - 960
MA	1800	1800
Flak	6 720 × 10,5 cm 32 000 × 3,7 cm 24 000 × 2 cm	6 720 × 10,5 cm 32 000 × 3,7 cm 24 000 × 2 cm
Torpedos	—	24

Anmerkung: Die Munitionsbestände der TIRPITZ veränderten sich im Verlauf des Krieges bei der MA und insbesondere der Flak. So befanden sich 1944 mehr als 90 000 Schuß 2-cm-Munition an Bord.

Die BISMARCK in der Ausrüstungsendphase. Hier der 38-cm-Turm D. Beachte die Panzerung des Turmes, die Dicke läßt sich am überstehenden E-Meßgerät erkennen.

Daten zur Bewaffnung

Kaliber	Rohrlänge (m)	Geschoßgewicht (kg)	Mündungsgeschwindigkeit (V_0) (m/sek)	Reichweite (m)	Rohrerhöhungen	Kadenz (Schuß/Rohr/Minute)	Lafette
38 cm/L 47 C 34	17,86	800	820	36 510	−8° bis +35°	2	Drehlafette C 34
15 cm/L 55 C 28	8,25	45,3	875	23 000	−10° bis +40°	8	Drehlafette C 34
10,5 cm/L 65 C 33	6,825	15,1	900	17 700	+85°	18	BISMARCK: die vier vorderen dreiachsig stabilisierten Doppellafetten C 31, die achteren dreiachsig stabilisierten Doppellafetten C 37. TIRPITZ: dreiachsig stabilisierte Doppellafette C 37
3,7 cm/L 83 C 30	3,071	0,745	1 000	6 750	+80°	80	Doppellafette C 30
2 cm/L 65	0,9	0,132	900	4 800	+90°	Einzel: 200 Vierling: 800	Sockellafette C 38; auf TIRPITZ später außerdem in Vierlingslafette C 38*

* Die BISMARCK hatte 2-cm-Einzellafetten C 30 und 2 x 2-cm-Vierlingslafetten C 38

Anmerkungen zu Rohrwaffendaten: Folgt man Quellen ausländischen Ursprungs, so geben diese etwas abweichende Daten wieder: 38 cm/L 52 und /L 48,6. Die eine Größe gibt die Gesamtlänge des Geschützes, einschließlich Bodenstück und Verschluß und die andere die Rohrlänge an.
Gleiches gilt auch für 15 cm/L 55 und /L 52,4, während erstere Angabe mit der deutschen übereinstimmt, steht die andere für 7,816 m.
10,5 cm/L 65 und /L 60,5, erstere wieder in Übereinstimmung mit der deutschen Angabe, die andere steht für 6,348 m.
3,7 cm/L 83 und /L 80, erstere wieder korrespondierend mit der deutschen Angabe von 3,071 m, letztere steht für 2,96 m.
2 cm/L 65, nach deutschen Angaben 0,9 m, nach englischen 1,3 m.

Zum Mineneigenschutz gehörten auch vier Ottergeräte, die an der Steuerbord- und Backbordseite der achteren Aufbauten gehaltert waren. Sie wurden mit dem Bugschutzgerät ausgebracht. Beachte die schwanenhalsähnlichen Entlüftungsstutzen an der Oberkante Aufbaudeck.

Die Feuerleit- und Radar-Geräte

EMeßGerät (Basisgerät)	für	Standort	Radargerät	Standort	Bemerkungen
10,5-m-Basisgerät	SA	Turm A Turm B Turm C Turm D			Von Turm A auf BISMARCK im Winter 1940/41 wieder ausgebaut, auf der TIRPITZ gar nicht eingebaut
	SA/MA	Vormars-Drehhaube			
	SA/MA	Achterer Leitstand			
7-m-Basisgerät	SA/MA	Kommandoturm/ Brücke in Drehhaube			
6,5-m-Basisgerät	MA	Turm Stb II Turm Bb II			
4-m-EMeßgerät Typ SL 8	10,5-cm-Flak	je eines jeseits Turmmast zwei achtern mittschiffs			Es waren die neuesten Geräte (Wackeltöpfe) mit Kleinkreisel-Horizontierung, eine Weiterentwicklung des kreiselstabilisierten Typs SL 6
—	3,7-cm-Flak	am Geschütz			manuelle Visiervorrichtung
—	2-cm-Flak	am Geschütz			manuelle Visiereinrichtung
			FuMO 23	Drehhaube achterer Leitstand	BISMARCK und TIRPITZ
			FuMO 212 bzw. 213 (Würzburg D)	Achterer Flakleitstand	auf TIRPITZ eingebaut, Frühjahr/Sommer 1944 Podest um ca. 2 m erhöht
			FuMO 23	Drehhaube Vormars 10,5-m-Basisgerät	auf BISMARCK und TIRPITZ
			FuMO 23	Drehhaube Brücke 7-m-Basisgerät	auf BISMARCK und TIRPITZ
			FuMO 27	Drehhaube über 10,5-m-Basisgerät	Zusätzlicher Aufbau auf TIRPITZ, mit zusätzlichem Beobachterstand
			TIMOR	Stenge Bb-Seite auf der Decke	Zusätzlich auf der TIRPITZ bis Frühjahr/Sommer 1944, dann ersetzt durch
			FuMB 4 SAMOS		
			FuMO 26	Vormars, Großan-	Ersetzte auf TIRPITZ die beiden FuMO 23 und FuMO 27, zusätzlich
			FuMO 30 HOHENTWIEL	auf Vormarsstenge	FuMO 26 und FuMO 30 ab Frühjahr/Sommer 1944 auf TIRPITZ

Die Schiffstechnische Anlage

Kesselanlage: 12 Wagner-Hochdruck-Heißdampfkessel (Einender mit je zwei Saacke-Brennern) mit natürlichem Wasserumlauf in sechs Kesselräumen.

Je Kessel: Verdampfungsheizfläche	380 m²
Überhitzerheizfläche	120 m²
Luftvorwärmerfläche	685 m²
Speisewasservorwärmung	160°C
Betriebsdruck	55 atü
Einstelldrücke der Sicherheitsventile	58 atü (maximal 63 atü)
Genehmigungsdruck	68 atü
Hauptsicherheitsventile: Trommel, Einstelldruck	
Dampfsammler	68 - 69,5 atü
Überhitzereinstelldruck	66,5 - 68 atü (Heißwasserdampfvorlage)
Kesselleistung	50 t/h
Kesselwirkungsgrad	80 %
Dampftemperaturen:	
Sattdampf	267°C
Heißdampf	450°C
Erzeugungswärme	631,8 kcal/kg
Verdampfungsziffer	11,8 bei 9300 kcal/kg
Dampferzeugung	132 kg Dampf/m² Heizfläche
Gaswiderstand	220 mm WS
Rauminhalt	144 m³
Kesselgewicht mit Wasser	52,8 t
Gewicht Wasserinhalt (warm)	4,85 t
Luftvorwärmung (Temperatur)	335°C
Feuerraumbelastung (10^6)	2 kcal/m³/h

Antriebsanlage: Drei Satz Getriebeturbinen (Typ Curtis) mit einfacher Untersetzung (BISMARCK: Hersteller Blohm & Voss, Hamburg — TIRPITZ: Hersteller Brown, Boveri & Cie.) in drei Turbinenräumen.

Turbinensätze viergehäusig mit:

Hochdruckturbine	2880 U/min und 270 U/min/Welle
Mitteldruckturbine	2880 U/min und 270 U/min/Welle
Niederdruckturbine	2430 U/min und 190 U/min/Welle
Hochdruck Rückwärtsturbine	2025 U/min und 180 U/min/Welle
Niederdruck-Rückwärtsturbine	1715 U/min und 190 U/min/Welle
Marschturbine	4220 U/min und 270 U/min/Welle

Die Hochdruck-Rückwärtsturbine befand sich im Mitteldruckteil. Die Niederdruck-Rückwärtsturbine befand sich im Niederdruckteil.*

Leistungsgewicht der Gesamtantriebsanlage: 20,3 kg/PS

Vortriebsanlage: Drei Wellen mit dreiflügeligen Propellern von je 4,8 m Durchmesser.

Ruderanlage: Zwei Balance-Ruder mit 8° zur Schiffsmittelachse divergierend.

*** Anmerkungen zu Turbinenanlagen:**

Man unterscheidet bei Turbinen zwischen einzelnen Typen und Bauarten. Ihre Bauart richtet sich nach der beabsichtigten Verwendung.

Typ	Parsons	= Überdruckturbine, vielstufige Trommelturbine
Typ	Laval	= Gleichdruckturbine mit einer Druckstufe und einer Geschwindigkeitsstufe
Typ	Curtis	= Gleichdruckturbine mit einer Druckstufe und mehreren Geschwindigkeitsstufen, anfangs in ihrer Bauart ähnlich dem
Typ	Zoelly	= Gleichdruckturbine mit mehreren Druckstufen

Turbinen, die von Bauwerften oder anderen Herstellern gefertigt wurden, waren vorwiegend lizensierte Eigenkonstruktionen.

BISMARCK: Die einzelnen Turbinensätze befanden sich um die jeweiligen Getriebe herumgruppiert. Die Hochdruckturbine (Reaktionsturbine) besaß ein Curtis-Rad und insgesamt 4 Stufen. Die Mitteldruckturbine (Reaktionsturbine) war doppelflutig und hatte 14 Stufen. Die Niederdruckturbine (Reaktionsturbine) arbeitete mit neun Stufen und war — wie allgemein üblich — mit dem Kondensator verbunden. Die Hochdruck-Rückwärtsturbine hatte ein Curtis-Rad, und die Niederdruck-Rückwärtsturbine war doppelflutig. *Eine Marschturbine gab es nicht.*

TIRPITZ: Bauart und Typen der einzelnen Turbinen waren ähnlich der BISMARCK-Anlage, wies jedoch Unterschiede auf:
Die TIRPITZ *besaß Marschturbinen.*
Marsch- und Hochdruckturbine (Reaktionsturbinen) saßen beide am hinteren Ende jedes Turbinenblocks. Die Mitteldruck- und Niederdruckturbinen waren einfache Reaktionsturbinen. Die Hochdruck-Rückwärtsturbine saß vor der Mitteldruckturbine und die doppelflutige Niederdruck-Rückwärtsturbine zwischen dem Niederdruckturbinenblock.

E-Anlage: Zwei E-Werke mit je vier Dieselgeneratoren zu je 500 kW, zwei E-Werke mit fünf TurboGeneratoren zu je 690 kW und einem TurboGenerator zu 460 kW mit angehängtem Generator zu 400 kVA und ein E-Werk mit einem Dieselgenerator zu 550 kVA.
Der Dieselmotor im WE-E-Werk war vom Typ MWM RS 38 S (BISMARCK Motorennummer 170093, TIRPITZ Motorennummer 170094). Es war ein sechszylindriger Viertakt-Dieselmotor, Zylinderdurchmesser 300 mm, Kolbenhub 380 mm, Drehzahl 600 U/min für 460 PSe. Für eine halbe Stunde war eine 20prozentige Überlast mit 550 PSe möglich.
Der Generatorenhersteller war Garbe-Lohmeyer, die Generatoren vom Typ P 23 FA 925 10 Spez. BZ auf BISMARCK und P 23 FA 925/10 + RP 91 sp. auf der TIRPITZ.
(Die Motoren dieses Typs waren in einer Weiterentwicklung für den Einbau auf dem Uboot-Typ XI vorgesehen.)

Ergebnisse der Werfterprobung BISMARCK bei einer Verdrängung von 43 000 t

Turbinenleistung (WPS)	Anzahl der Kessel in Betrieb	Wellendrehzahl (U/min)	Geschwindigkeit (kn)	Brennstoffverbrauch g/PSh
3 × 46 000	12	265	29	325
3 × 38 350	12	250	.	320
3 × 23 300	9	214	.	335
3 × 13 000	6	176	.	370
3 × 8 300	3	151	.	415
3 × 5 000	3	128	.	500
3 × 12 000 (Rückwärts)	12	.	.	.

Die Anordnung der Antriebsanlage

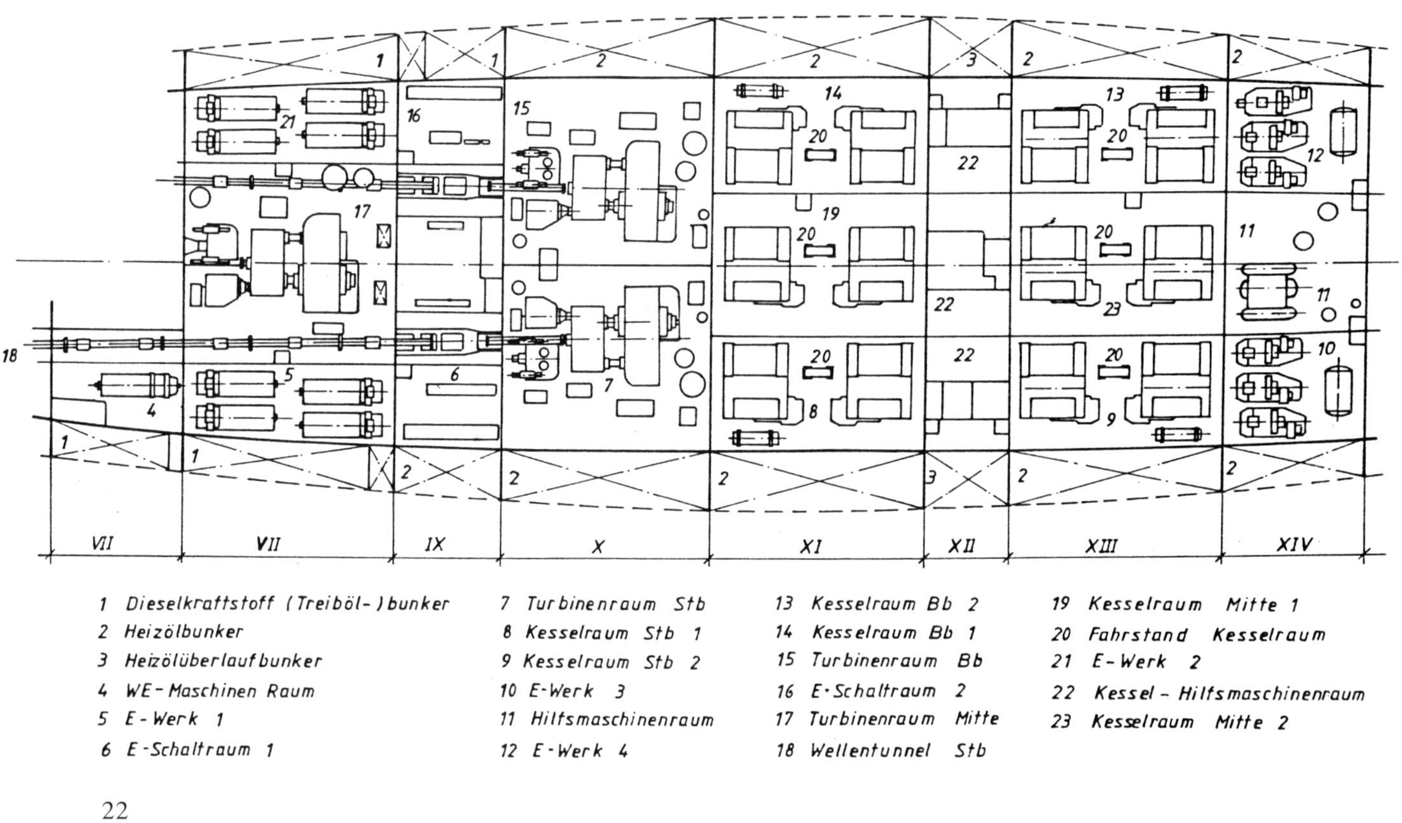

1 Dieselkraftstoff (Treiböl-) bunker
2 Heizölbunker
3 Heizölüberlaufbunker
4 WE-Maschinen Raum
5 E-Werk 1
6 E-Schaltraum 1
7 Turbinenraum Stb
8 Kesselraum Stb 1
9 Kesselraum Stb 2
10 E-Werk 3
11 Hilfsmaschinenraum
12 E-Werk 4
13 Kesselraum Bb 2
14 Kesselraum Bb 1
15 Turbinenraum Bb
16 E-Schaltraum 2
17 Turbinenraum Mitte
18 Wellentunnel Stb
19 Kesselraum Mitte 1
20 Fahrstand Kesselraum
21 E-Werk 2
22 Kessel-Hilfsmaschinenraum
23 Kesselraum Mitte 2

Maschinenerprobungsdaten TIRPITZ

Leistung pro Welle (WPS)	Wellendrehzahl (U/min)	Dampfverbrauch (t/h)
2 250	98	11,5
5 400	130	21,5
11 000	166	39,0
17 500	194	59,0
25 750	220	86,5
34 150	241	114,0
42 750	258	143,3
46 000	265	165,0
16 000 (Rückwärts)	190	105,0

Die Betriebsstoffvorräte	BISMARCK (1941)	TIRPITZ (1941)
Heizöl (einschließlich Zuladung)	8 294 t	8 297 t
Dieselkraftstoff	193 t	.
Flugbetriebsstoff	34 t	.
Reservespeisewasser	375 t	.
Frischwasser	306 t	.
Reservefrischwasser	389 t	.
Schmieröl	160 t	.
	9 751 t	

Erzielte Geschwindigkeiten		BISMARCK	TIRPITZ
Wellenleistung	150 170 PS	30,1 kn	.
	163 000 PS	.	30,8 kn
	138 000 PS	.	29,0 kn

Fahrbereiche	BISMARCK	TIRPITZ
(Berechnungen	8525 sm : 19 kn	8870 sm : 19 kn
aufgrund	6640 sm : 24 kn	6963 sm : 24 kn
Erprobungen)	4500 sm : 28 kn	4728 sm : 28 kn

Ein Blick von vorne nach achtern. Beachte die Breite des Schiffskörpers. Eine Aufnahme vom März 1941.

Pläne und Skizzen

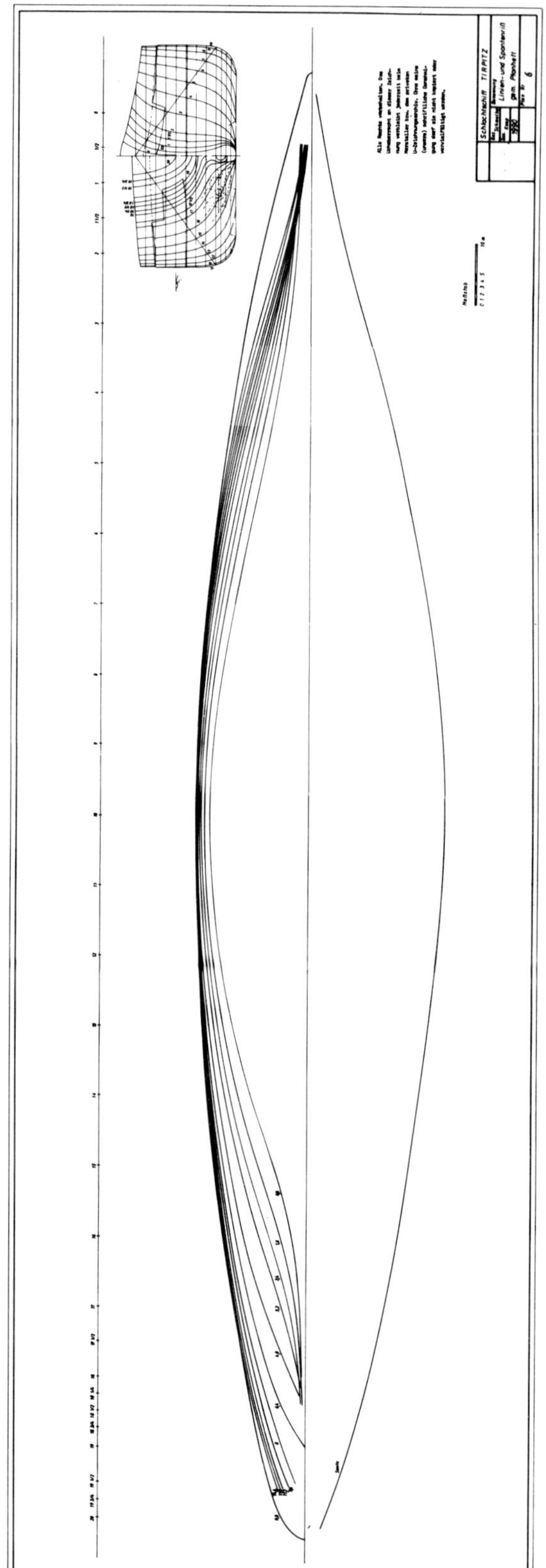

Diese und weitere Pläne sind in einer gesonderten Planrolle im Format 61 x 86 bzw. 70 x 100 cm (Maßstab 1:300) erhältlich.

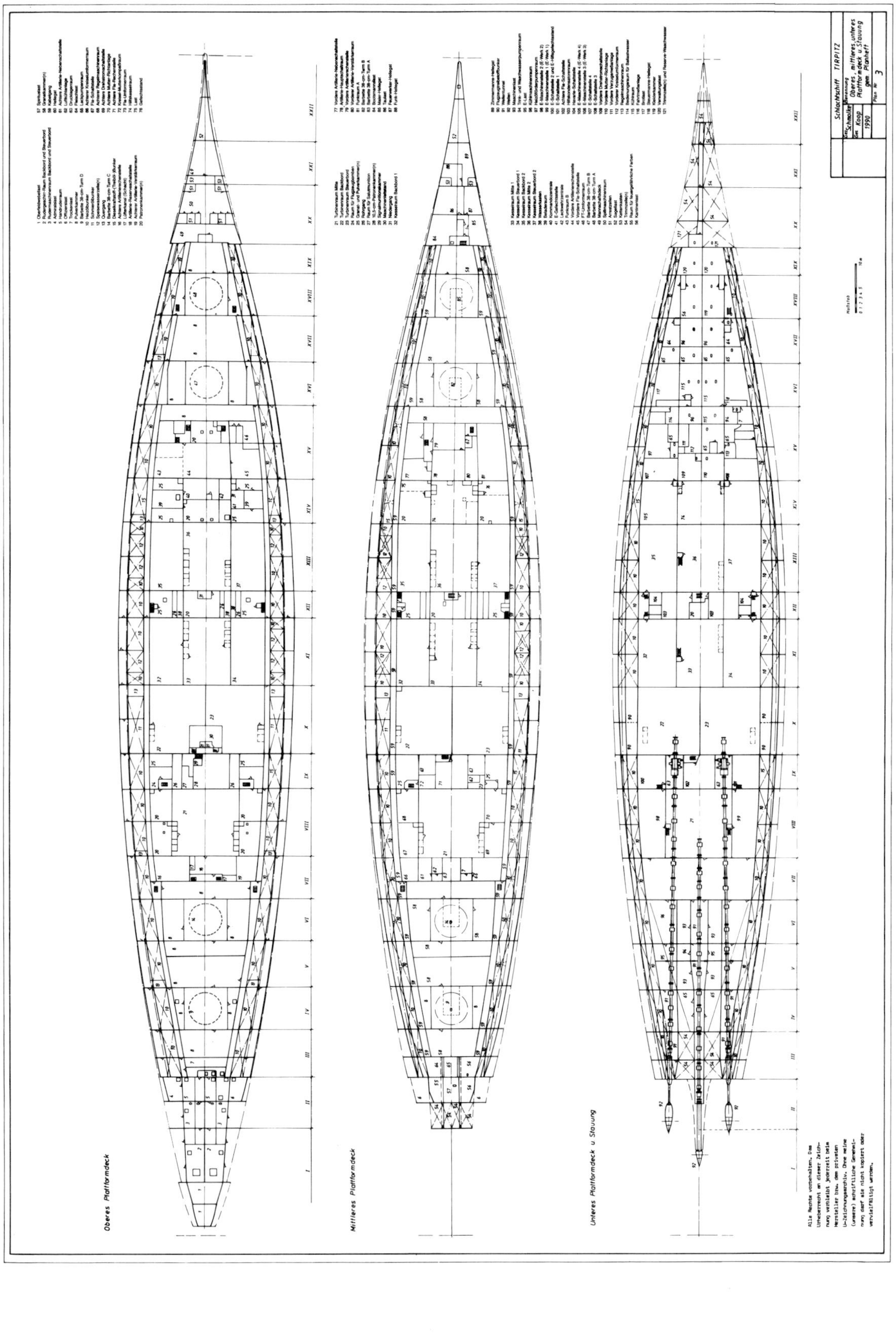
Schlachtschiff TIRPITZ
Oberes, mittleres, unteres Plattformdeck u. Stauung
Oberes Plattformdeck
Mittleres Plattformdeck
Unteres Plattformdeck u. Stauung

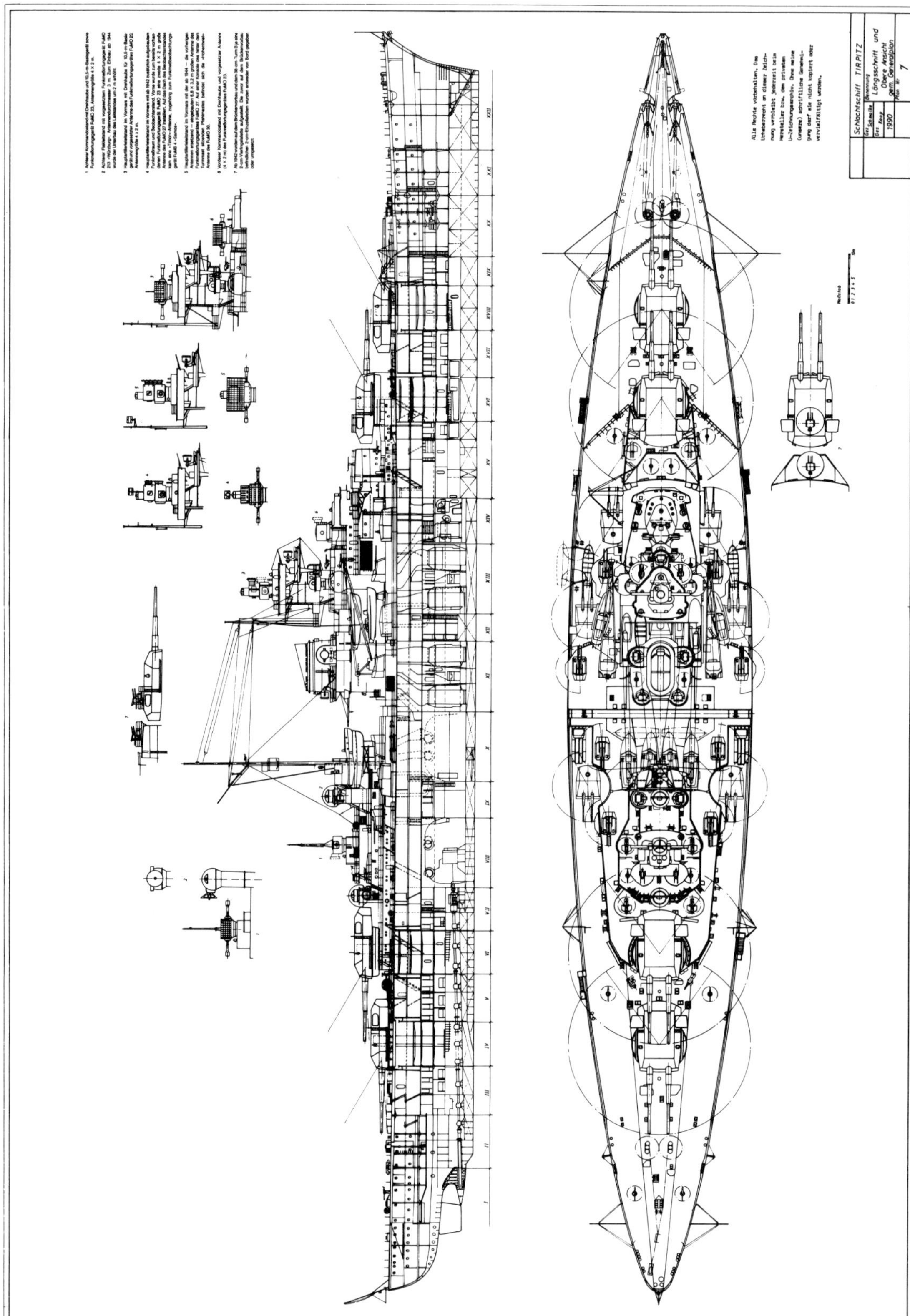
Schlachtschiff TIRPITZ

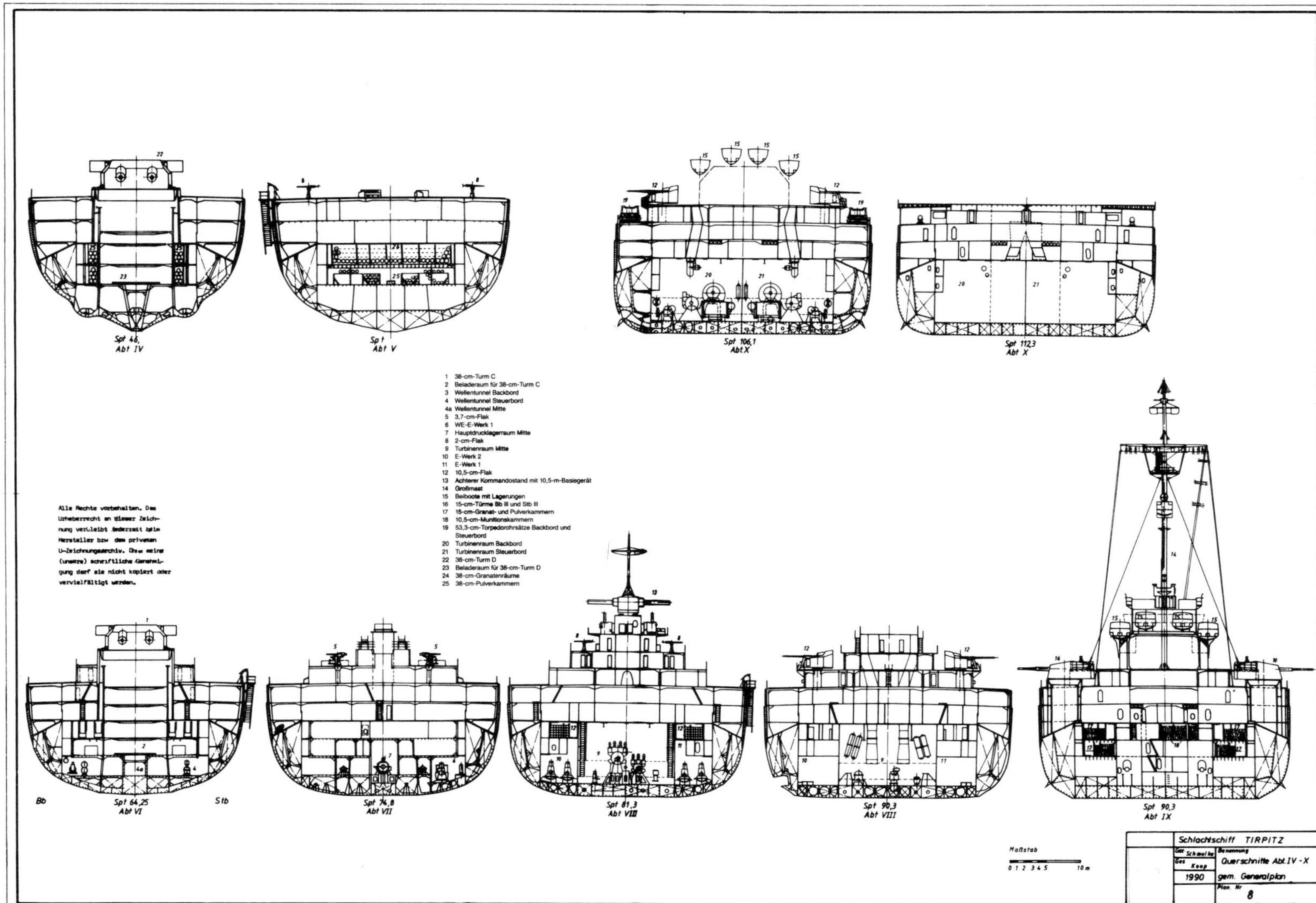
Schlachtschiff TIRPITZ
Querschnitte Abt. IV - X
gem. Generalplan
Ges. Schmalke
Ges. Koop
1990
Plan Nr 8
Maßstab
0 1 2 3 4 5 10 m
Spt 46, Abt IV
Spt Abt V
Spt 106,1 Abt X
Spt 112,3 Abt X
Spt 64,25 Abt VI
Bb
Stb
Spt 74,8 Abt VII
Spt 81,3 Abt VIII
Spt 90,3 Abt VIII
Spt 90,3 Abt IX
1 38-cm-Turm C
2 Beladeraum für 38-cm-Turm C
3 Wellentunnel Backbord
4 Wellentunnel Steuerbord
4a Wellentunnel Mitte
5 3,7-cm-Flak
6 WE-E-Werk 1
7 Hauptdrucklagerraum Mitte
8 2-cm-Flak
9 Turbinenraum Mitte
10 E-Werk 2
11 E-Werk 1
12 10,5-cm-Flak
13 Achterer Kommandostand mit 10,5-m-Basisgerät
14 Großmast
15 Beiboote mit Lagerungen
16 15-cm-Türme Bb III und Stb III
17 15-cm-Granat- und Pulverkammern
18 10,5-cm-Munitionskammern
19 53,3-cm-Torpedorohrsätze Backbord und Steuerbord
20 Turbinenraum Backbord
21 Turbinenraum Steuerbord
22 38-cm-Turm D
23 Beladeraum für 38-cm-Turm D
24 38-cm-Granatenräume
25 38-cm-Pulverkammern
Alle Rechte vorbehalten. Das Urheberrecht an dieser Zeichnung verbleibt jederzeit beim Hersteller bzw. dem privaten U-Zeichnungsarchiv. Ohne meine (unsere) schriftliche Genehmigung darf sie nicht kopiert oder vervielfältigt werden.

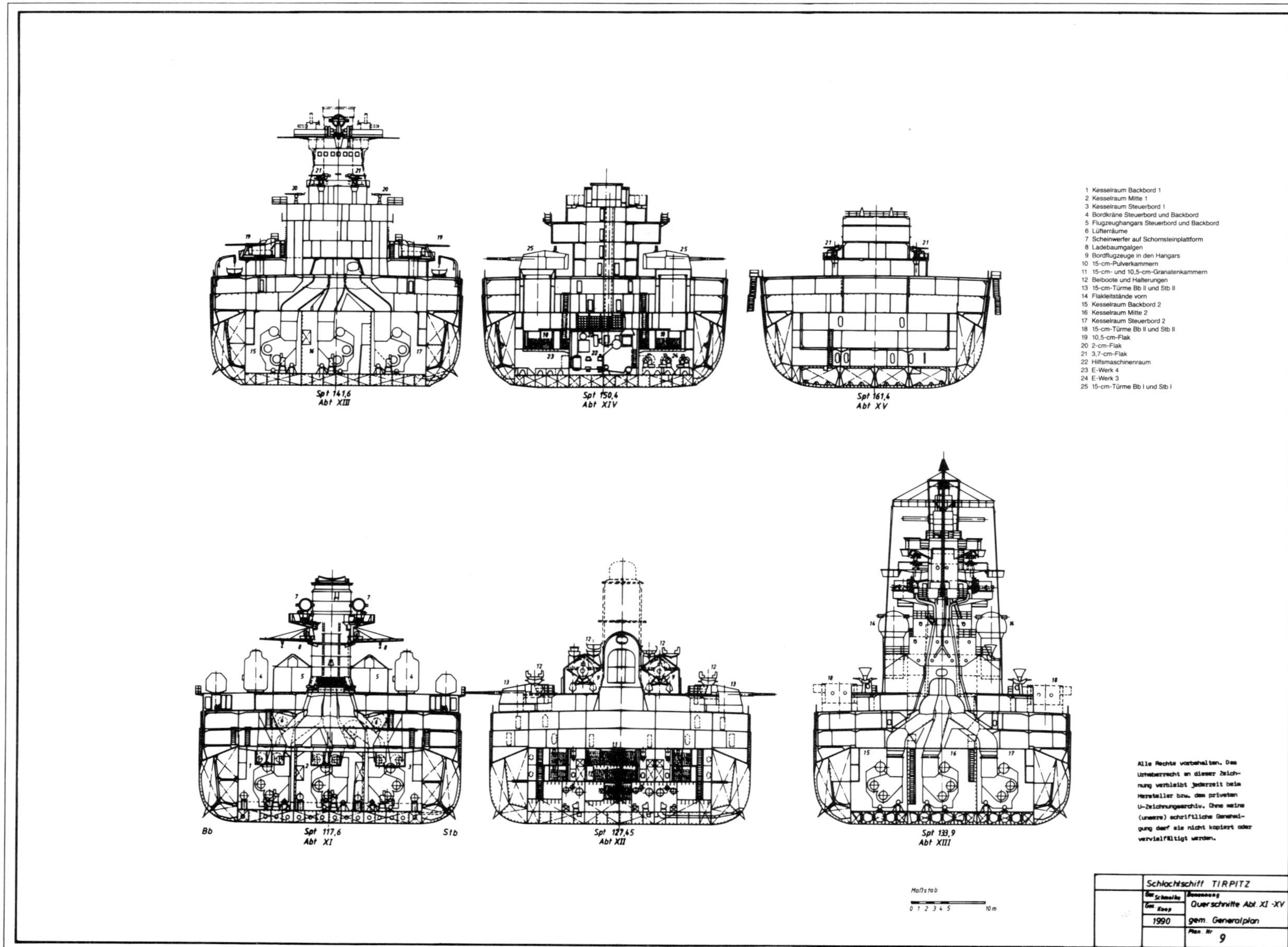

Spt 141,6
Abt XIII
Spt 150,4
Abt XIV
Spt 161,6
Abt XV
1 Kesselraum Backbord 1
2 Kesselraum Mitte 1
3 Kesselraum Steuerbord 1
4 Bordkräne Steuerbord und Backbord
5 Flugzeughangars Steuerbord und Backbord
6 Lüfterräume
7 Scheinwerfer auf Schornsteinplattform
8 Ladebaumgalgen
9 Bordflugzeuge in den Hangars
10 15-cm-Pulverkammern
11 15-cm- und 10,5-cm-Granatenkammern
12 Beiboote und Halterungen
13 15-cm-Türme Bb II und Stb II
14 Flakleitstände vorn
15 Kesselraum Backbord 2
16 Kesselraum Mitte 2
17 Kesselraum Steuerbord 2
18 15-cm-Türme Bb II und Stb II
19 10,5-cm-Flak
20 2-cm-Flak
21 3,7-cm-Flak
22 Hilfsmaschinenraum
23 E-Werk 4
24 E-Werk 3
25 15-cm-Türme Bb I und Stb I
Bb
Spt 117,6
Abt XI
Stb
Spt 127,45
Abt XII
Spt 133,9
Abt XIII
Alle Rechte vorbehalten. Das Urheberrecht an dieser Zeichnung verbleibt jederzeit beim Hersteller bzw. dem privaten U-Zeichnungsarchiv. Ohne meine (unsere) schriftliche Genehmigung darf sie nicht kopiert oder vervielfältigt werden.
Maßstab
0 1 2 3 4 5 10 m
Schlachtschiff TIRPITZ
Schmelke
Koop
1990
Benennung
Querschnitte Abt. XI -XV
gem. Generalplan
Plan. Nr 9

Das Schlachtschiff BISMARCK

Der Bauauftrag für die BISMARCK datierte vom 16. November 1935, Kiellegung war am 1. Juli 1936. Dem Stapellauf am 14. Februar 1939 folgte eineinhalb Jahre später am 24. August 1940 die Indienststellung.

Nach Abschluß der ersten Erprobungen und einer Werftliegezeit für Restarbeiten war die BISMARCK ab Frühjahr 1941 einsatzbereit. Am 18. Mai 1941 lief sie aus Gotenhafen aus, um gemeinsam mit dem Schweren Kreuzer PRINZ EUGEN in den Atlantik durchzubrechen. Dieses Unternehmen »Rheinübung« war die einzige Unternehmung des Schiffes, Triumph und Tragik zugleich: Der Triumph lag in der Vernichtung des bis dahin als größtes und stärkstes Großkampfschiff der Welt betrachteten britischen Schlachtkreuzers HOOD — Stolz der Royal Navy — am 24. Mai innerhalb nur weniger Minuten und mit einigen wenigen Salven; die Tragik war, wenige Tage später — gehetzt von der gesamten Royal Navy — Opfer eines unglücklichen Torpedotreffers in der Ruderanlage zu werden, um dann — manövrierunfähig — von Schlachtschiffen zusammengeschossen zu werden.

Es ist Sommer 1940, das Schiff ist kurz vor der Fertigstellung, der endgültige Farbanstrich ist aufgetragen. Beachte die seitlich sichtbare Kante am Schiffskörper. Es ist die Oberkante des Gürtelpanzers, der die normale Breite des Schiffes überragt.

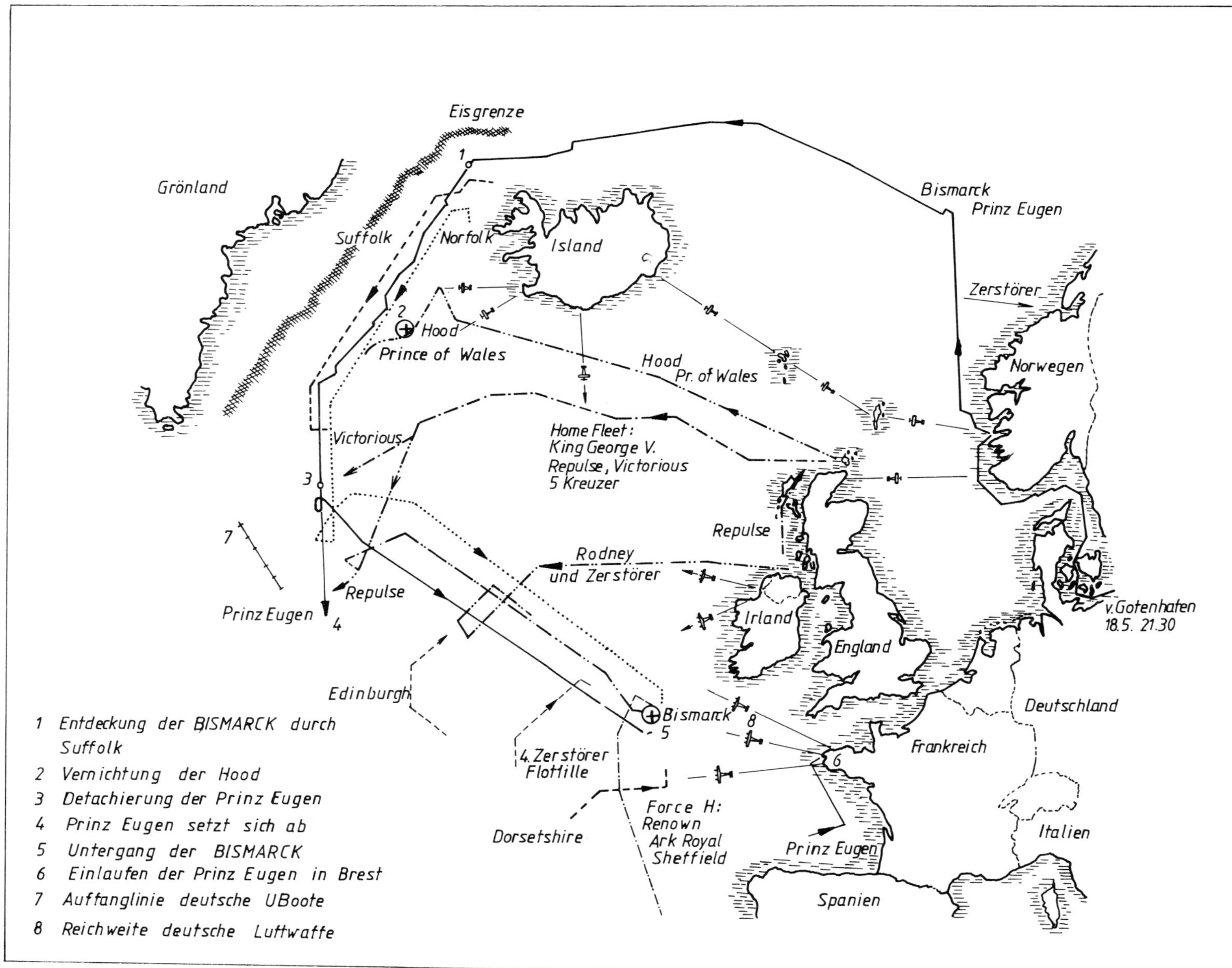

BISMARCK 21.- 27 Mai 1941 „Rheinübung"
Gesamtübersicht

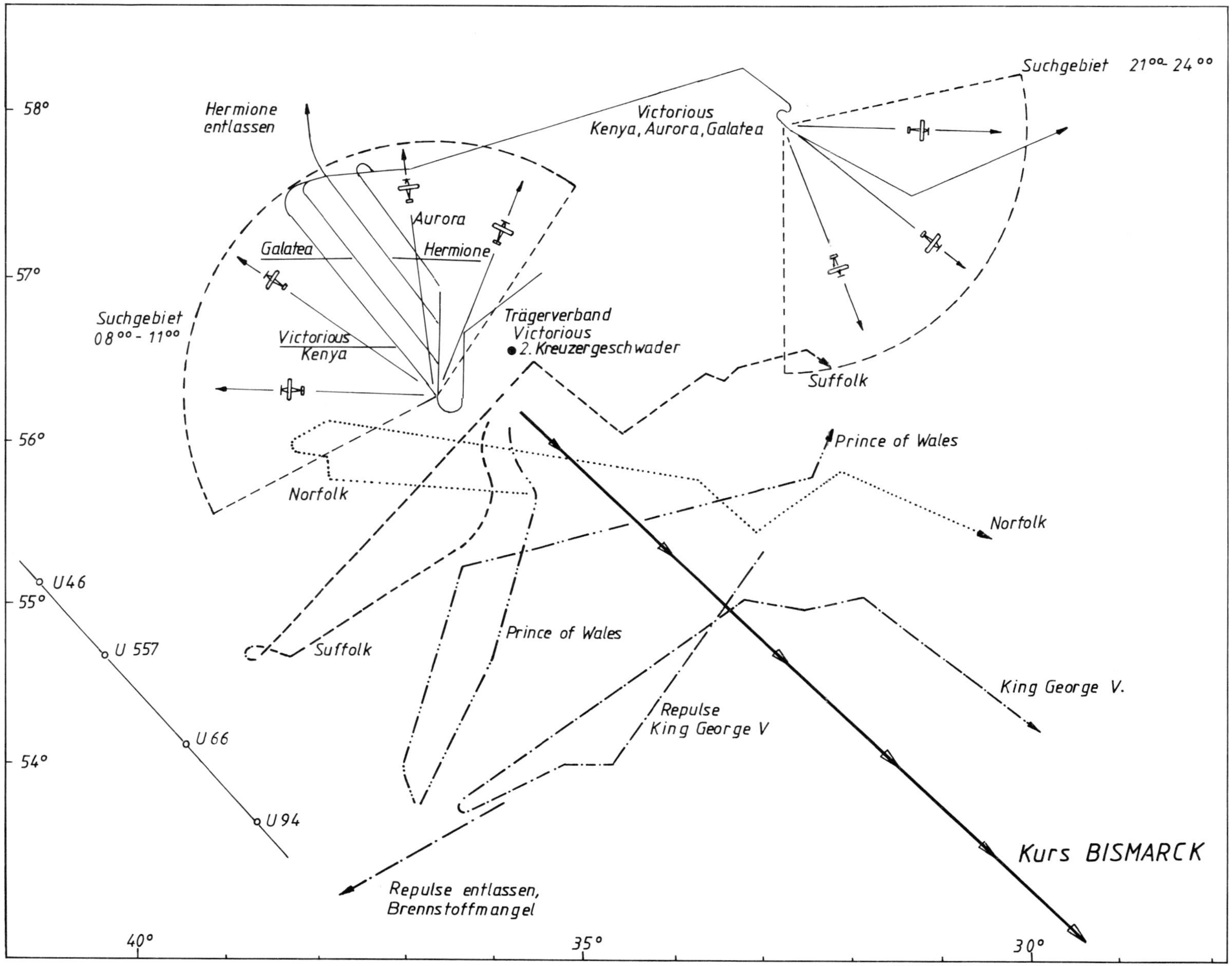

Die Suche nach der BISMARCK
am 25. Mai 1941

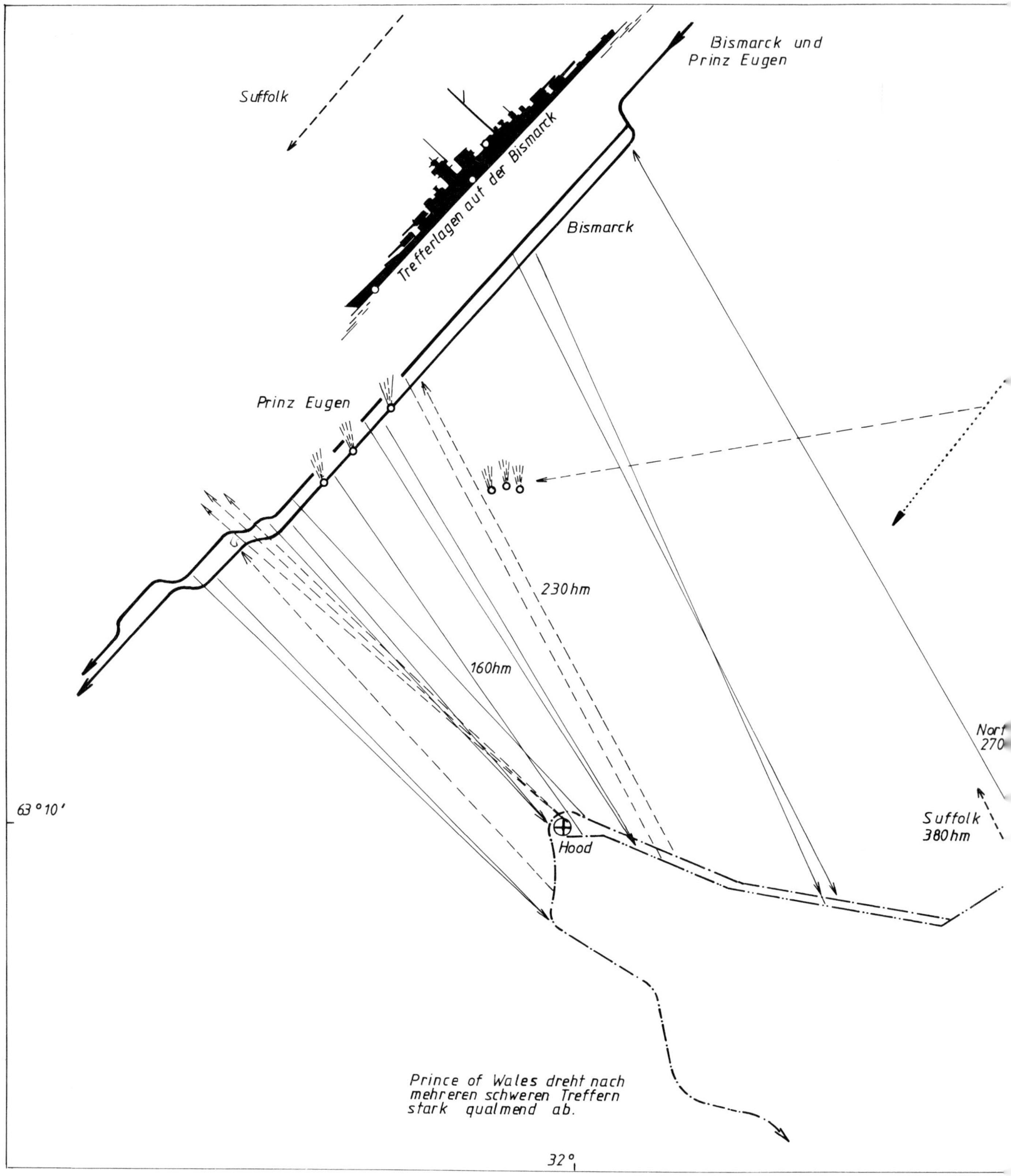

Bismarck und
Prinz Eugen
Suffolk
Trefferlagen auf der Bismarck
Bismarck
Prinz Eugen
230hm
160hm
Nort
270
63°10'
Hood
Suffolk
380hm
Prince of Wales dreht nach
mehreren schweren Treffern
stark qualmend ab.
32°

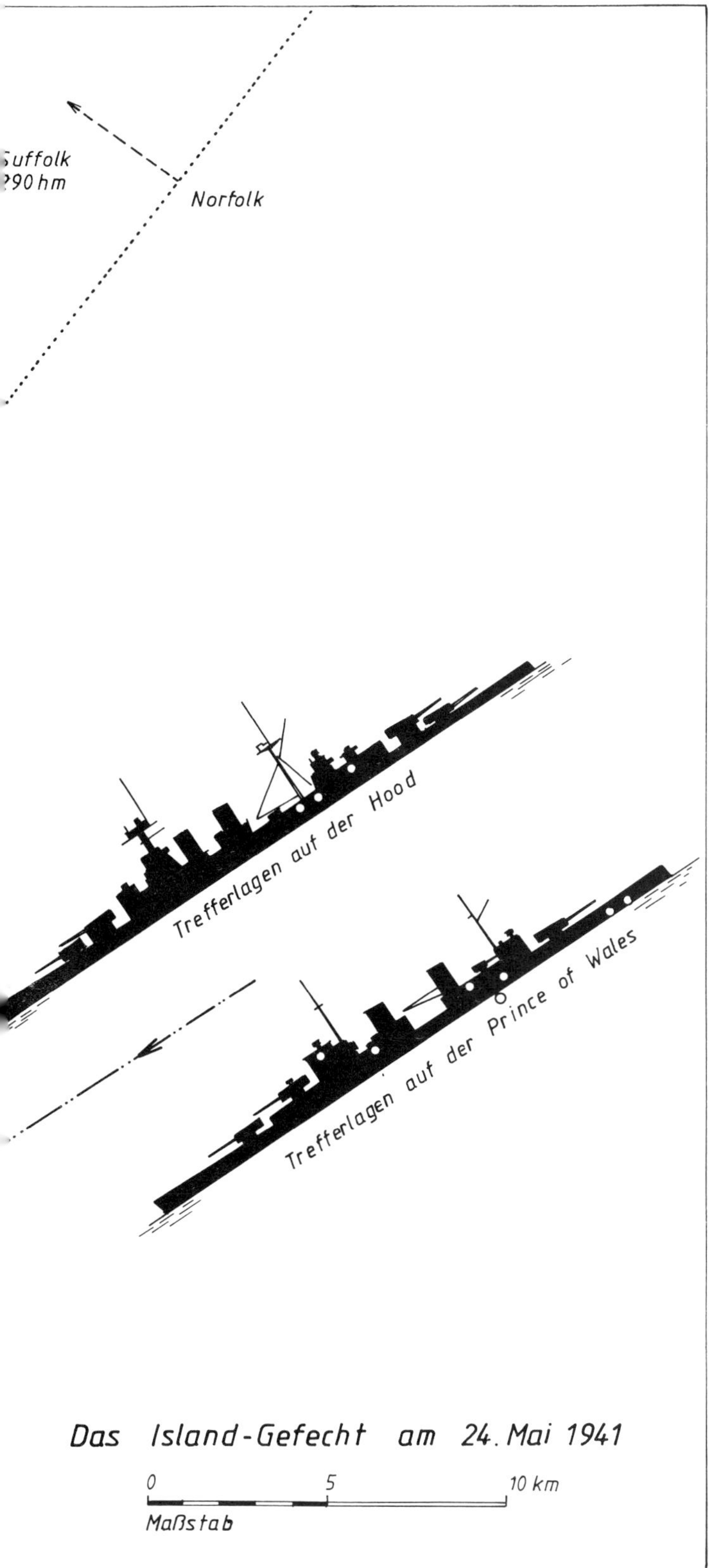

Nur 115 Mann der Besatzung wurden gerettet, 1977 Mann, einschließlich des Flottenchefs, Admiral Günther Lütjens, und des Kommandanten, Kapitän zur See Ernst Lindemann, fanden den Tod. Der Oberbefehlshaber der britischen Home Fleet, Admiral Sir John Tovey, der die BISMARCK fand und vernichtete, ließ dem deutschen Schiff, seiner Führung und Besatzung hohes Lob zukommen.
Das Wrack des Schiffes wurde im Jahre 1989 durch Forschungstaucher in 4750 m Tiefe entdeckt. Es ruht auf ebenem Kiel, die Türme der SA sind beim Untergang herausgefallen, der Schiffskörper weist kaum Beschädigungen auf. Um das Wrack vor Fledderei zu bewahren, wird die Fundstelle geheimgehalten; das Wrack wurde mit Erklärung der Bundesregierung vor dem Bundestag zum Soldatenfriedhof erklärt.

Schiffsführung (August 1940 - Mai 1941)

Kommandant: KptzS Ernst Lindemann

Erster Offizier (IO): FKpt Hans Oels

Navigationsoffizier (NO): KKpt Wolf Neuendorff

Erster Artillerieoffizier (IAO): KKpt Adalbert Schneider

Leitender Ingenieur (LI): KKpt (Ing) Dipl.-Ing. Walter Lehmann

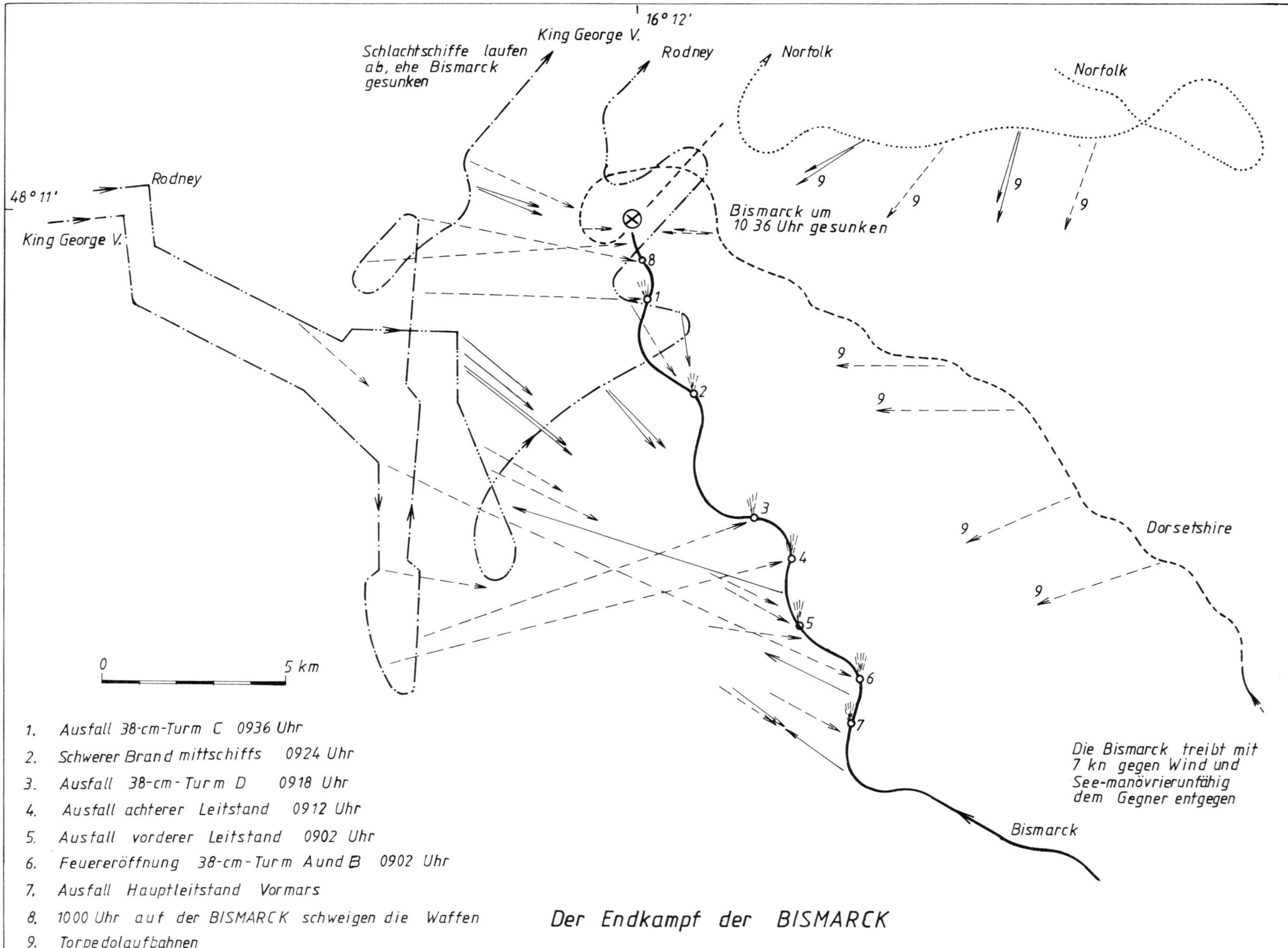

Der Endkampf der BISMARCK

Der Namensgeber: OTTO FÜRST VON BISMARCK.

Geboren am 1.4.1815 auf dem väterlichen Gut Schönhausen bei Stendal. Nach dem Jura-Studium 1835 - 1839 war er Gerichtsreferendar in Berlin und Aachen, verläßt 1839 den Staatsdienst und lebt auf dem Kniephof, später in Schönhausen. Bismarck war das, was man im positiven Sinne einen »preußischen Junker« nannte: dem König treu ergeben, sonst aber frei und unabhängig.
1847 Mitglied des Vereinigten preußischen Landtags (Konservative Partei). Heiratet im gleichen Jahr Johanna von Puttkammer, die er Zeit seines Lebens geliebt und verehrt hat. 1849 - 1850 Mitglied des Erfurter Unionsparlaments, dessen Arbeit praktisch ohne Bedeutung bleibt.
1851 - 1859 Legationsrat und Gesandter am Frankfurter Bundestag, 1859 - 1862 Gesandter in Petersburg und Paris.

1862 auf Anraten des Kriegsministers von Roon von König Wilhelm I. zum preußischen Ministerpräsidenten und Außenminister ernannt. Nahm sofort den Kampf mit der liberalen Kammermehrheit auf und setzte mit in diesem Hause ungewohnter Härte eine Militärvorlage des Königs durch (Verfassungskonflikt). Er verhinderte dadurch den schon ins Auge gefaßten Rücktritt des Königs. Seit dieser Zeit enges Vertrauensverhältnis zwischen Bismarck und seinem König, das auch nicht durch heftige gelegentliche Ausbrüche Bismarcks und durch Konflikte in der Sache gemindert werden konnte.
1863 verhindert Bismarck Preußens (hier: des Königs) Teilnahme am Fürstentag in Frankfurt, weil er dort eine Überstimmung durch Österreich befürchtete. Er unterstützte Rußland bei der Niederschlagung eines polnischen Aufstands und legte dadurch den Keim zu einer deutsch-russischen Freundschaft, die immerhin solange Bestand hatte, wie Bismarck die Richtlinien der Außenpolitik bestimmte.
1864 zusammen mit Österreich und den Kontingenten einiger deutscher Bundesstaaten Krieg gegen Dänemark um die Herzogtümer Schleswig-Holstein.
1866 Krieg gegen Österreich (es ging praktisch um die Vorherrschaft in Deutschland). Bismarck sorgte aber für einen milden, nicht diskriminierenden Frieden mit Österreich im Frieden von Prag — gegen den heftigen Widerstand seines Königs und der führenden Generalität. Den Primat der Politik gegenüber dem Militär hat Bismarck bis zum Tode Wilhelms I. stets durchzusetzen gewußt.
1867 Bundeskanzler des »Norddeutschen Bundes« — der Keimzelle des Reiches.
1870/71 unter Preußens Führung »Krieg der Deutschen« gegen Frankreich; Bismarck »schmiedet« unter dem Eindruck des Sieges mit den deutschen Fürsten (»Einheit von oben«) das Deutsche Reich — gegen den zunächstigen Widerstand Wilhelms I., der in der Reichsgründung, nicht zu Unrecht, das Ende Preußens sah. Bismarck wird Reichskanzler (einziger Reichsminister) und zugleich preußischer Ministerpräsident. Die erweiterte Verfassung des »Norddeutschen Bundes« wird zur Basis der neuen Reichsverfassung.
Bis zum Tode Kaiser Wilhelms I. (1888) — Bismarck betrachtete das Deutsche Reich als saturiert und noch für Jahrzehnte mit dem inneren Aufbau beschäftigt — betreibt Bismarck eine ausgesprochene Friedenspolitik nach außen; er versucht das in seiner europäischen Mittellage stets ausgesetzte Reich durch komplizierte Bündnissysteme abzusichern.
Nach dem Übergang von Wilhelm I. auf seinen Enkel, Wilhelm II. (durch den frühzeitigen Tod des Kaisers Friedrich III., den Kaiser der 99 Tage), kam es nicht nur zum Generationenkonflikt zwischen dem sehr jungen Wilhelm II. und dem alternden Bismarck: In der Innen- und Sozialpolitik, aber auch in der Außenpolitik waren die Gegensätze groß. Auch standen sich der junge, nicht unbegabte, allem Neuen gegenüber aufgeschlossene Kaiser dem das Zeitalter der Technik nicht mehr erfassenden Altkanzler gegenüber.
Bismarck wurde 1890 unter unwürdigen Umständen entlassen. Er starb am 30. Juli 1898 in Friedrichsruh.

Bismarck wurde — besonders nach 1945 — scharf angegriffen, ja zum Teil als gradliniger »geistiger« Vorfahre Adolf Hitlers bezeichnet und somit für beide Weltkriege mitverantwortlich gemacht. Heute weiß man, daß jeder Vergleich zwischen dem auf »Maß halten« bedachten Bismarck mit dem maßlosen Hitler falsch ist.
Bismarck war Preuße und fühlte sich stets als solcher, so wie sein König und Kaiser Wilhelm I. Ein begrenztes Reich (Kleindeutschland), geführt von Preußen und unter Ausschluß Österreichs, stand »großdeutschen« und zugleich gesamteuropäischen Herrschaftsvorstellungen Hitlers gegenüber.

Bismarcks *Innenpolitik* hatte drei Schwerpunkte aufzuweisen: Verfassungskonflikt gegen die Liberalen in den 60er Jahren, Kulturkampf gegen das Zentrum (und damit gegen die katholische Kirche) und Sozialistengesetz gegen die Sozialdemokratie in den 80er Jahren. Nur den ersten Schwerpunkt gewann er ...

Wenn er auch mit einer in der Welt erst- und einmaligen *Sozialgesetzgebung* versuchte, der anwachsenden Sozialdemokratie das »Wasser abzugraben« — es gelang ihm nicht.

Seine *Außenpolitik* dagegen läßt sich wie folgt beschreiben:
»Ein Segen aber war er für Europa! Seine Außenpolitik nämlich war nach 1871 reine Friedenspolitik. Eine Friedenspolitik, wie man sie nach Bismarck in Deutschland jahrzehntelang nicht gekannt, nicht begriffen und erst in unseren Tagen wieder entdeckt hat. Heute erst merkt man denn auch, eine wie schwere Kunst Friedenspolitik in einer Welt souveräner Staaten und rivalisierender Großmächte ist, und man fängt an, den Einfallsreichtum und die Virtuosität zu bewundern, mit der Bismarck diese Kunst betrieb, und die Meisterschaft, zu der er es darin brachte.« (Sebastian Haffner, in: Haffner/Venohr, Preußische Profile, Frankfurt/M./Berlin 1986.)

Eine Aufnahme vom 10. September 1940. Die werdende BISMARCK auf der Helling bei Blohm & Voss. Der Schiffskörper ist bereits bis zum Oberdeck fertig, deutlich sind die Barbetten der achteren beiden 38-cm-Türme, im Hintergrund die Barbette des 38-cm-Turm B, seitlich jeweils die Barbetten der 15-cm-Türme zu erkennen.

Der Taufakt ist vollzogen. An der Oberkante des Steuerbordvorschiffes ist der Name BISMARCK enthüllt. Beachte die anders gestalteten Bremsschilde (vergleiche mit der TIRPITZ).

Die BISMARCK in der Ausrüstung. Hier wird einer der Drehkränze der vier 38-cm-Turmbarbetten eingesetzt.

Die BISMARCK an der Ausrüstungspier von Blohm & Voss. Hinter dem Schiff erhebt sich einer der großen Hammerkräne, mit denen die schweren Ausrüstungsteile an Bord gehoben wurden. Der Ausrüstungsstand ist schon recht weit gediehen: die 38-cm-Türme, der Schornstein und Gefechtsturm sind bereits aufgestellt. Zur weiteren Ausrüstung befinden sich noch zahlreiche Stellagen auf dem Schiff. Die Aufnahme entstand im Januar 1940.

Ein Blick vom Turmmast auf den Schornstein und nach achtern. Beachte die zahlreichen Rohre, die aus dem Schornsteinkranz herausragen. Sie gehören größtenteils zur Dampfanlage. Es handelt sich hier um Notausblaseleitungen der Kessel, die auf die Sicherheitsventile ansprechen, und anderes mehr.

Endausrüstung. Noch sind das Deck und die Aufbauten mit zahlreichen Kabeln überzogen, die den Werftarbeitern für ihre Werkzeuge, Schweißgeräte usw. den erforderlichen Strom liefern.

Nach der Indienststellung. Blick in eines der zahlreichen Decks, hier ein Deck für seemännische Unteroffiziere. An der rechten Seite, zwischen den beiden an der Verkleidung hängenden Bildern, eine Schrifttafel. Auf ihr ist genau angegeben, wo sich das Deck befindet: Spant, Schiffsseite usw. Das ist wichtig für das Fachpersonal, denn hinter der Verkleidung verlaufen Kabelbahnen, Rohrleitungen und anderes mehr, und bei einer Störung sind die vermuteten oder tatsächlichen Schadensstellen leichter aufzufinden.

15. September 1940. Die BISMARCK verläßt Hamburg mit Kurs auf den Kaiser-Wilhelm-Kanal, um in die Ostsee zu verlegen. Noch fehlen die Feuerleitanlagen der SA und MA auf dem Vormars, dem vorderen und achteren Kommandostand.

Die BISMARCK im September 1940 in Kiel. Die schwarze Rauchfahne läßt vermuten, daß die Kessel gezündet werden, das Schiff folglich von der Festmacherboje ablegen will — beachte das V-Boot an der Boje und die nicht mehr gesetzte Gösch, die Heckflagge weht noch, und die in Schiffsnähe befindlichen V-Boote warten offenbar, daß sie nach Ausbooten ihrer Männer über die noch ausgebrachten Seefallreeps mittels Kran eingenommen werden.

Die BISMARCK läuft hohe Fahrt, eine Aufnahme vom Herbst 1940.

Die BISMARCK einlaufend in Gotenhafen im Herbst 1940. Die Basisgeräte und Funkmeßantennen (Matratzen) sind noch eingebaut.

Der achtere Kommandostand mit dem 10,5-m-Basisgerät und dem an dessen Drehhaube sitzenden FuMO 23. Eine Aufnahme vom Frühjahr 1941.

Blick auf die Steuerbordbrückenstruktur. Inzwischen sind das 10,5-m-Basisgerät auf dem Vormars und auch die FuMO-Matratze eingebaut. Die 3,7-cm-Doppelflak vor dem Brückenaufbau ist besetzt, der 15-cm-Turm Stb I in Ruhestellung.

Die BISMARCK an der Pier in Gotenhafen. Zeitpunkt der Aufnahme April 1941. Sie trägt den damals in der Ostsee üblichen Tarnanstrich.

5. Mai 1941 auf Gotenhafen-Reede. Die Besatzung ist divisionsweise angetreten, der Besuch Adolf Hitlers beendet, zum Abschied heißt es »Front nach Steuerbord!« An der Bordwand hängen noch die Fender, ausgebracht zum Längsseitsgehen des Flottentenders HELA.

Ausbildung in der Ostsee zwischen März und Mai 1941. Ein kleiner Segler wird passiert. Die Rohre der 10,5-cm-Doppelflak sind gen Himmel gerichtet.

Die BISMARCK im Frühjahr 1941 in Gotenhafen. Rechts dahinter sind die beiden Schornsteine des alten Linienschiffes und derzeitigen Kadettenschulschiffes SCHLESWIG-HOLSTEIN zu sehen. Die BISMARCK trägt den seinerzeit für alle im Ostseeraum befindlichen schweren Einheiten in Form und Farbe einheitlichen Tarnanstrich.

Die BISMARCK im Kielwasser eines Sperrbrechers auf dem Marsch nach Norwegen. Noch trägt sie den üblichen Tarnanstrich.

Die BISMARCK von vorn, ebenfalls im April 1941 in der Ostsee bei Übungen aufgenommen.

Die BISMARCK auf dem Marsch nach Norwegen, hier am 20. Mai in Höhe Skagen. Im Hintergrund einer der sichernden Zerstörer, davor eines der Minensuchboote der 5. M-Flottille, die ebenfalls zum Geleit gehörte. Die Aufnahme wurde von der Brücke eines der M-Boote geschossen.

21. Mai 1941. Die BISMARCK im Grimstadfjord, der letzten Station vor der Fahrt ohne Wiederkehr. Der noch vorhandene Tarnanstrich war bis zum abendlichen Auslaufen übermalt, und nur die angedeutete Bugwelle blieb sitzen.

Die BISMARCK am 21. Mai 1941. Von achtern anlaufend der Zerstörer Z 10/HANS LODY.

Der Marsch durch die Dänemarkstraße, im Kielwasser die PRINZ EUGEN (nach einem Aquarell des bekannten Marinemalers Zeeden).

Das Gefecht in der Dänemarkstraße, aufgenommen von Bord des Schweren Kreuzers PRINZ EUGEN. Hier die Fontänen detonierender 35,6-cm-Granaten im Kielwasser des Kreuzers.

Das Gefecht in der Dänemarkstraße. Von Bord des Schweren Kreuzers PRINZ EUGEN aufgenommen, feuert die im Kielwasser des Kreuzers laufende BISMARCK gerade eine 38-cm-Vollsalve.

Die HOOD explodiert (nach einem Aquarell des Marinemalers Zeeden).
Die Hood hatte nach dem Stand von 1941 eine Leerverdrängung von 42462 ts, eine Einsatzverdrängung von 48360 ts. Ihre Länge über alles maß 262,48 m, ihre Breite 31,77 m und ihr Einsatztiefgang 9,76 m. Mit einer Antriebsleistung von 144000 WPS war sie 31 kn schnell.
Ihre Bewaffnung bestand aus: acht 38,1-cm/L 42-Mk I-Geschützen in Doppellafette Mk II, 14 x 10,2-cm-Geschützen Mk XVI in Doppellafette Mk XIX, 24 x 2 Pdr-Flak in drei achtrohrigen Lafetten (Pom-Pom), 16 x 12,7-mm-Flak in Vierlingslafetten, 100 UP-Werfer in fünf Gruppen.

Die BISMARCK bei der Abwehr von Torpedoflugzeugen (nach einen Aquarell von Zeeden).

Das Ende. Die BISMARCK wird von einem Torpedo des britischen Schweren Kreuzers DORSETSHIRE getroffen. Wenig später versinkt sie in den Fluten des Atlantiks (nach einem Aquarell von Zeeden).

Die brennende BISMARCK aus der Sicht des Gegners.

1. April 1939, Stapellauf TIRPITZ, die Aufnahme vermittelt einen Eindruck über die Größe des Schiffskörpers.

Das Schlachtschiff TIRPITZ

Stapellauf

Abgesehen davon, daß jeder Stapellauf für ein Schiff besondere Beanspruchungen bedeutet, kam bei der TIRPITZ hinzu, daß neben der Größe auch die engen Verhältnisse der Kriegsmarinewerft Wilhelmshaven den Ablauf ziemlich schwierig gestalteten.
Daher war wichtig, die mit jedem Stapellauf verbundenen Berechnungen und Untersuchungen noch gründlicher durchzuführen. Ein wichtiger, zu beachtender Punkt ist die Neigung der Helling mit ihrer Ablaufbahn, denn mit wachsender Schiffsgröße steigert sich auch der Flächendruck. Die Neigung beträgt bei kleineren Schiffen bis 1:12, bei größern bis 1:22. Für die TIRPITZ wurde die Neigung der Ablaufbahn mit 1:18 festgelegt. Das geschah aus zwei Gründen: Man nahm Rücksicht auf das Hellinggelände und wollte möglichst schnell das Freischwimmen des Schiffskörpers erreichen, um die erforderlichen Abbremsmaßnahmen einleiten zu können.
Jeder, von einer Helling stattfindender Stapellauf findet in vier aufeinanderfolgenden Phasen statt:

- ☐ Vorlauf = Hinabgleiten des Schiffes auf der Ablaufbahn bis zu dem Augenblick, wo der tiefste Punkt des Objektes die Wasserfläche berührt
- ☐ Eigentlicher Ablauf = Hinabgleiten des Schiffes mit zunehmendem Eintauchen, praktisch der Beginn des Aufschwimmens
- ☐ Aufschwimmen
- ☐ Auslauf

Da die Kriegsmarinewerft Wilhelmshaven über versenkte Hellinge verfügte, entfiel der Vorlauf, da das Schiff bereits vor dem eigentlichen Stapellauf durch Fluten der Helling mit seinem tiefsten Punkt im Wasser lag.
Schon während des Baues wurden Berechnungen angestellt, wie der Stapellauf ohne Pannen zu realisieren war. Dem kam zugute, daß man beim Bau der SCHARNHORST schon vor ähnlichen Problemen gestanden hatte und nun auf diese Erfahrungen zurückgreifen konnte.

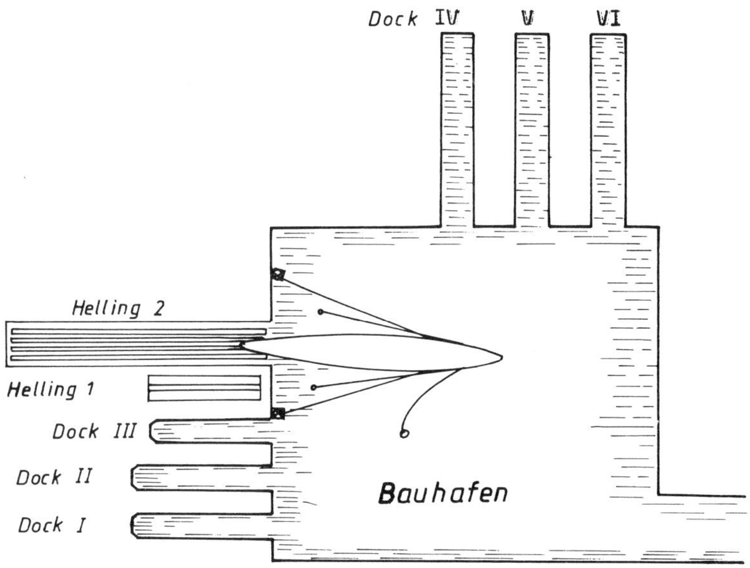

Anordnung der Bremsmittel (Beginn des Freischwimmens) aufgrund von Modellversuchen

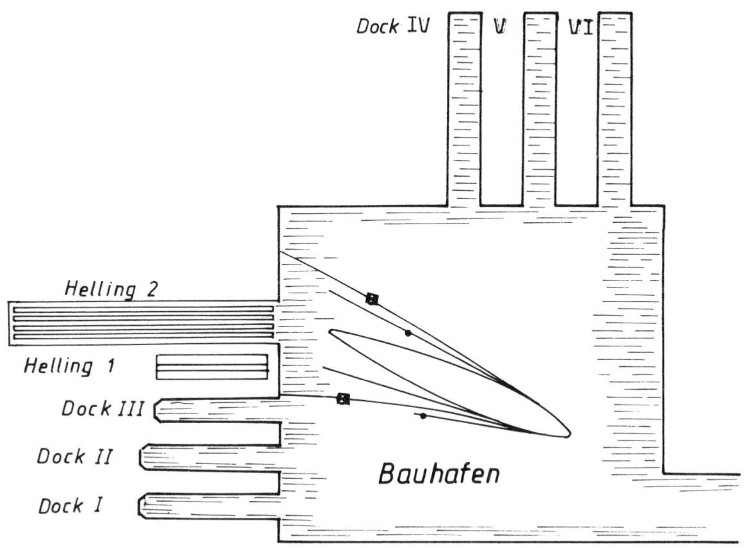

Anordnung der Bremsmittel (Wirkung des Drehankers) aufgrund von Modellversuchen

Die Bauhafenlänge der Werft betrug 376 m, und wenn man sich vorstellt, welche Kräfte ein Koloß von der Größe der TIRPITZ beim Hinabgleiten ins Wasser entwickelt, bedarf es schon bestimmter Maßnahmen, diese zu bändigen. Die kinetische Energie ist mehr als 30 000 mt, eine Größe, die die Geschwindigkeit eines Schnellzuges bei weitem übersteigt.
Die die TIRPITZ betreffenden Untersuchungen umfaßten:

- Wirkung von Bremsschilden hinsichtlich ihrer Größe und Anordnung
- Wirkungsweise der übrigen Bremsmittel, einschließlich Berechnung der Zugkräfte an Leinen und Ketten
- Berechnung der beim Ablauf sich entwickelnden Geschwindigkeit und des zu erwartenden Weges
- Feststellung der Auf- und Freischwimmpunkte
- Berechnung des Umfangs der Wasserbewegung in der Helling

Diese ganzen theoretischen Versuche und Berechnungen wurden mit Hilfe von zwei angefertigten Modellen des Schiffskörpers angestellt und durchgespielt. Die Modelle des Bauhafens mit den Hellingen und die Schiffsmodelle wurden im Maßstab 1:30 hergestellt.
Als Ergebnis der umfangreichen Vorüberlegungen, Versuche und Erprobungen erhielt das Schiff zum Stapellauf Bremsschilde, Heckanker, Bremsflöße, Buganker und einen Drehanker.
Der Stapellauf am 1. April 1939 ging ohne Komplikationen vor sich. Anzumerken bleibt, daß der verantwortliche Marinebeamte für dieses Unternehmen Ministerialrat Hermann Burkhardt war, der in dieser Zeit zur Kriegsmarinewerft Wilhelmshaven gehörte und zuvor verantwortlich für die Konstruktion dieses Schiffes war.

Lebenslauf

1936
Am 14. Juni *Bauauftragserteilung* an die Kriegsmarinewerft Wilhelmshaven als Neubau Schlachtschiff »G« — Ersatz SCHLESWIG-HOLSTEIN, Baunummer 128. Bauort: Helling 2, von der kurz zuvor, am 3. Oktober, das Schlachtschiff SCHARNHORST abgelaufen war. Die Helling mußte aufgrund der Größe nochmals etwas ausgebaut und im vorderen Teil mit einem tragenden Unterbau versehen werden.
Für die *Kiellegung* gibt es zwei Daten: 24. Oktober und 2. November. Beide sind aktenmäßig im BA/MA erfaßt. Wahrscheinlich gilt das erstere für den Beginn aller Bauarbeiten und letzteres für die offizielle Kiellegung, die fotografisch belegbar ist.

1939
Stapellauf am 1. April in Anwesenheit Hitlers, der mit großem Gefolge zu diesem Staatsakt erschienen war. Zahllose Gäste und hohe Parteifunktionäre, Vertreter aus Politik, Wirtschaft und Diplomatie und rund 80 000 Menschen säumten den Ort des Geschehens. Hinzu kamen viele Militärs, insbesondere aus der alten *Kaiserlichen Marine* und der früheren *K. u. K. Kriegsmarine*: Adm a. D. Souchon, Adm a. D. W. von Lans, VAdm a. D. Looff, VAdm a. D. Wedding, VAdm a. D. Boedicker, VAdm a. D. Frhr. von Rössing, VAdm z.V. und Staatsrat A. von Trotha, VAdm a. D. Löhlein, VAdm a. D. Rogge, VAdm a. D. Reymann, VAdm a. D. von Reuter, VAdm Frhr. von Gagern, VAdm a. D. Rösing, KAdm a. D. Kühlenthal, KAdm a. D. Pieper, KAdm a. D. Brüninghaus, KAdm a. D. O. Lans, KAdm a. D. Kranzbühler, KAdm a. D. Saxser, KAdm a. D. von Fischer-Loszainen, Staatssekretär a. D. und KKpt a. D. Frhr. von Rheinbaben, KAdm a. D. Mörsberger, KAdm a. D. Retzmann, KAdm a. D. Hering, KAdm a. D. von Hornhardt, KAdm a. D. von Purschka, KAdm a. D. Türk, KAdm a. D. Khuepach, KptzS a. D. von Stosch, KptzS a. D. Erler, Linienschiffskapitän a. D. Dittrich, FKpt a. D. Frhr. von Senarclens-Grancy, FKpt a. D. Scheibe, FKpt a. D. Mann, KKpt a. D. Erich E. Schulze, Kptlt a. D. von Tirpitz. Von der *Reichsmarine* waren erschienen: Adm z.V. Prentzel, VAdm a. D. Dr. phil.h.c. Groos, Adm z.V. Heusinger von Waldegg, VAdm a. D. Franz, VAdm z.V. W. von Trotha, KAdm a. D. Bindseil, KAdm a. D. Coupette, KAdm a. D. Goehle, KAdm a. D. Seebohm, VAdm z.V. Bartenbach, KAdm a. D. Claaßen, KAdm a. D. Klüpfel, Admiralitätsrat a. D. Pelte.
Von der *Kriegsmarine* waren es: Adm Boehm als Flottenchef, Adm Witzell als Chef des Marinewaffenamtes, VAdm Marschall als Befehlshaber der Panzerschiffe, VAdm Densch als Befehlshaber der Aufklärungsstreitkräfte, VAdm (Ing) Fechter als Chef der Schiffsmaschineninspektion, Admiraloberstabsarzt Prof. Dr. med. Moosauer als Chef des Marinemedizinalamtes und Sanitätschef der Kriegsmarine, KAdm Lütjens als Führer der Torpedoboote, KAdm von Schrader als 2. Admiral der Nordseestation, Adm Albrecht als Marinegruppenbefehlshaber Ost, KAdm Fuchs und nahezu alle Flottillenchefs und Kommandeure von Marinelanddienststellen.
Die Taufrede hielt VAdm von Trotha, die Taufe vollzog Frau von Hassell, Tochter des Namensgebers, Großadmiral von Tirpitz, und Gattin des ebenfalls anwesenden Botschafters z.V. von Hassell, der nach dem Attentat vom 20. Juli 1944 zum Tode verurteilt wurde.

1941
Indienststellung des Schiffes am 25. Februar. Nach Abschluß der ersten Erprobungen Verlegung in die Ostsee nach Kiel

und später nach Gotenhafen. In Kiel und Gotenhafen erfolgte die Endausrüstung. Nebenher lief die Ausbildung der Besatzung voll an, um das Schiff zum frühestmöglichen Zeitpunkt einsatzklar zu melden. Anfängliche Störanfälligkeiten im Waffenbereich konnten schnell behoben werden, die Artillerieerprobungen im Juni wurden erfolgreich abgeschlossen.
Am 5. Mai besuchte Hitler die Marine in Gotenhafen — ohne die Begleitung des ObdM, Großadmiral Raeder — und besichtigte sowohl die an der Pier liegende TIRPITZ als auch die auf Reede ankernde BISMARCK. Letztere trat nur wenige Tage später ihre Reise ohne Wiederkehr an.

Am 22. Juni begann der *Rußlandfeldzug.* Zur Abwehr eines erwarteten Ausbruchs sowjetischer Seestreitkräfte in die Ostsee wurde im September die sogenannte »Baltenflotte« gebildet, zu der außer der TIRPITZ auch der Schwere Kreuzer ADMIRAL SCHEER, die Leichten Kreuzer EMDEN, LEIPZIG, KÖLN und NÜRNBERG sowie zahlreiche Zerstörer, Torpedoboote und Minensuchfahrzeuge gehörten. Die TIRPITZ war nur kurzzeitig dabei und stand vom 26. bis 29. September im Gebiet der Aaland-Inseln auf und ab. Dann wurde die Gefechtsausbildung fortgesetzt.

1942
Dieses Jahr brachte die Verlegung des Schiffes nach *Norwegen,* eine Weisung, die auch andere schwere Einheiten betraf. Grund war die im Führerhauptquartier vorherrschende Ansicht, die Alliierten würden eine Großlandung starten.

Am 12. Januar verließ die TIRPITZ Kiel, marschierte durch den Nord-Ostsee-Kanal in die Jademündung, warf auf Wilhelmshaven-Reede Anker, wurde nochmals voll ausgerüstet und trat am 14. Januar den Marsch nach Norden an. Gesichert durch die Zerstörer RICHARD BEITZEN, PAUL JACOBI, BRUNO HEINEMANN und Z 29 traf sie am 16. Januar bei heftigem Schneetreiben im Drontheimfjord ein, marschierte dann weiter in den ca. 30 km landeinwärts gelegenen Faettenfjord, wo sie in einem Nebenarm, im Aasfjord direkt am Ufer ihren neuen Liegeplatz einnahm. Die Entfernung zum anderen Ufer betrug nicht mehr als 300 m.
Sie wurde Flaggschiff der dort in Aufstellung begriffenen Kampfgruppe unter Führung des Befehlshabers der Schlachtschiffe, VAdm Ciliax, später unter dem Befehlshaber der Kreuzer, VAdm Kummetz. Von März bis September schiffte sich der Flottenchef, Adm Schniewind, ein, zugleich Befehlshaber des Unternehmens »Sportpalast«, das sich gegen die gemeldeten Geleite PQ 12 (nach Murmansk) und QP 8 (Rückläufer) richten sollte. Der darauf angesetzte Verband mit TIRPITZ und den Zerstörern Z 25, FRIEDRICH IHN, PAUL JACOBI, HERMANN SCHOEMANN verließ am 6. März die Küstengewässer. Zwei anfänglich dazugehörende Torpedoboote wurden entlassen, die Einheiten mit einer extremen Schlechtwetterlage konfrontiert: Schneesturm, keine Sicht, rauhe See. Der Gegner wurde nicht gefunden. Lediglich ein zufällig des Weges kommender sowjetischer Einzelfahrer lief den Zerstörern über den Weg und wurde versenkt. Umgekehrt hatte der Gegner etwas mehr Glück, die in diesem Seegebiet lauernden britischen U-Boote TRIDENT und SEAWOLF sichteten und meldeten den deutschen Verband, kamen aber nicht in Angriffsposition. Der zur gleichen Zeit in See stehende, als Fernsicherung für die Geleite operierende Verband der »Home Fleet« mit den Schlachtschiffen KING GEORG V, DUKE OF YORK, dem Flugzeugträger VICTORIOUS, dem Schweren Kreuzer BERWICK und Zerstörern verfehlte die Deutschen ebenfalls. Von der VICTORIOUS wurden zwar sofort Flugzeuge gestartet, die aber trafen erst auf den Gegner, als dieser sich auf Einlaufkurs in den Westfjord/Lofoten befand. Die TIRPITZ konnte allen Torpedos ausweichen und ging am 9. März unbehelligt im Westfjord vor Anker.

Bereits am 12. März marschierte sie erneut zurück nach Drontheim, wo sie einen Tag später den alten Liegeplatz einnahm. Akuter Brennstoffmangel zwang die im norwegischen Raum befindlichen Seestreitkräfte, teilweise bis hinunter zu den Zerstörern, immer wieder zu längeren Pausen, so daß sich die Tätigkeit auf stationäre Ausbildung beschränkte. Die Briten nutzten diese Chance, um immer wieder mit Flugzeugen anzugreifen, insbesondere die TIRPITZ. Diese Aufgabe übernahm anfangs das »Bomber Command« der Royal Air Force (RAF).
Am 27./28. April griffen erstmals 26 Bomber des Typs »Halifax« der 4. Gruppe und 10 des Typs »Lancaster« der 5. Gruppe an, am 28./29. April wiederholten 23 »Halifax« und 11 »Lancaster« das Unternehmen. Zu dieser Zeit verholte die TIRPITZ und mit ihr die schweren Kreuzer ADMIRAL SCHEER und PRINZ EUGEN in vorbereitete, zusätzlichen Schutz bietende Netzkästen. Die RAF hatte schon früher versucht, die TIRPITZ auszuschalten: am 30./31. Januar mit sieben Bombern vom Typ »Short Stirling« der 15. Staffel und neun »Halifax« der 76. Staffel sowie am 30./31. März mit 36 Bombern des Typs »Halifax«.
Alle Angriffe scheiterten an der starken Abwehr, und auch die Wetterlage spielte eine gewisse Rolle. Aufgrund rechtzeitiger Warnung hatten sich die Abwehrkräfte vorbereiten können.
Mitte Juni war wieder genügend Brennstoff vorrätig, zugleich liefen die Vorbereitungen für das Unternehmen »Rösselsprung« an, das wiederum gegen den Geleitverkehr gerichtet war. Zwei Kampfgruppen wurden aufgestellt: Kampfgruppe I unter dem Flottenchef, Adm Schniewind, auf TIRPITZ und Kampfgruppe II unter VAdm Kummetz auf dem Schweren Kreuzer LÜTZOW. Ziel des Unternehmens war der gemeldete Geleitzug PQ 17 mit 34 Schiffen, dessen Sicherung aus sechs Zerstörern, zwei Flakkreuzern, zwei U-Booten, vier Korvetten und 13 sonstigen Fahrzeugen bestand. Als Fernsicherung fungierte die »Home Fleet« mit

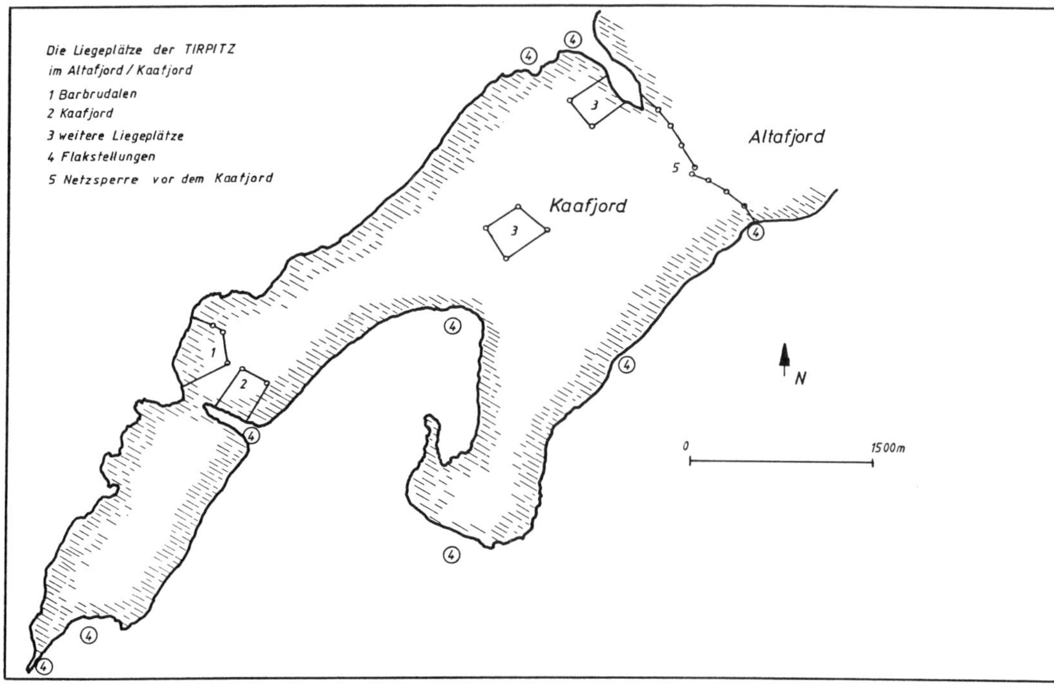

zwei Schlachtschiffen, einem Flugzeugträger, einem Schweren und einem Leichten Kreuzer und 14 Zerstörern. Weitere vier Schwere Kreuzer und drei Zerstörer kamen hinzu.

Am 1. Juli wurde der Geleitzug von der Luftwaffe gesichtet und gemeldet; daß sich zur gleichen Zeit auch ein von Murmansk rücklaufender in Bewegung setzte, blieb verborgen. Bereits einen Tag später verlegte die TIRPITZ mit dem Schweren Kreuzer ADMIRAL HIPPER und den Zerstörern FRIEDRICH IHN, HANS LODY, KARL GALSTER, THEODOR RIEDEL und den Torpedobooten T 7 und T 15, zu denen dann noch der Zerstörer RICHARD BEITZEN stieß, in den Altafjord. Während dieser Fahrt hatten die Zerstörer HANS LODY, KARL GALSTER und THEODOR RIEDEL Grundberührung und fielen aus. Ähnlich erging es der Kampfgruppe II. Sie sammelte am 3. Juli im Ofotfjord, auf dem Marsch in den Altafjord lief der Schwere Kreuzer LÜTZOW auf eine Untiefe und mußte in die Bogenbucht zurückkehren. VAdm Kummetz verfügte nunmehr nur noch über den Schweren Kreuzer ADMIRAL SCHEER und die Zerstörer Z 28, Z 24, Z 27, Z 29 und Z 30. Hinzu kam der Versorger DITHMARSCHEN.

Das Auslaufen des deutschen Verbandes war dem Gegner nicht verborgen geblieben. Aus mancherlei — später sehr umstrittenen — Erwägungen heraus wurde der Geleitzug PQ 17 aufgelöst und den Schiffen der Schutz entzogen; sie mußten nun als Einzelfahrer versuchen, ihren Bestimmungsort zu erreichen. Aufgrund dieser Lage brach auch die deutsche Führung das Unternehmen ab, die Einheiten kehrten in den Altafjord/Bogenbucht zurück, der Geleitzug wurde nun Opfer von Luftwaffe und U-Booten, er wurde nahezu völlig aufgerieben.

Die TIRPITZ verließ am 23. Oktober die Bogenbucht und kehrte zu Werftüberholungsarbeiten nach Drontheim zurück, wo das erforderliche Fachpersonal zur Verfügung stand. Die anstehenden Arbeiten wurden in der Folgezeit etappenweise durchgeführt. Am 30./31. Oktober versuchten die Briten erstmalig, wenn auch erfolglos, das Schiff mit Kleinst-U-Booten außer Gefecht zu setzen.

1943

Aufgrund des Desasters in der Silvesternacht 1942, als zwei Schwere Kreuzer beim Angriff auf einen Geleitzug in Kämpfe mit gleichstarken britischen Deckungskräften verwickelt wurden und schließlich erfolglos und beschädigt zurückkehrten, befahl Hitler die Außerdienststellung aller schweren Einheiten. Die TIRPITZ war davon nicht betroffen, sie sollte zur Abwehr des noch immer erwarteten Angriffs in Norwegen verbleiben, alle anderen sollten in die Heimat zurückkehren. Dem Nachfolger des aus Protest zurückgetretenen ObdM, Großadmiral Raeder, dem zum Großadmiral beförderten Adm Dönitz, gelang es dann allerdings, die Führerweisung abzuschwächen und teilweise rückgängig zu machen.

Mit dem 24. Januar war TIRPITZ wieder voll einsatzfähig und absolvierte bis zum 5. März in den umliegenden Gewässern Erprobungen und Ausbildung. Am 11. März verlegte sie von Drontheim in die Bogenbucht bei Narvik, wo sie mit dem Schlachtschiff SCHARNHORST und dem Schweren Kreuzer LÜTZOW zusammentraf. Mit ihr verlegte auch der Schwere Kreuzer PRINZ EUGEN. Als Geleitschutz dienten der Zerstörer KARL GALSTER und die Torpedoboote JAGUAR und GREIF. Am 23. März verlegte die TIRPITZ mit der SCHARNHORST und LÜTZOW sowie sechs Zerstörern in den Altafjord, wo bis Juli gemeinsame Übungen durchgeführt wurden.

Der September brachte einen neuen Einsatz: Operation »Sizilien«. Das Ziel war Spitzbergen, die dort vorhandenen alliierten Stützpunkte und Einrichtungen. Am 6. September nahmen TIRPITZ, SCHARNHORST und die Zerstörer Z 33, Z 27, Z 29, Z 30, Z 31, ERICH STEINBRINCK, KARL GALSTER, HANS LODY und THEODOR RIEDEL ihre Anker im Altafjord/Kaafjord auf und nahmen Kurs auf Spitzbergen. Es war eine der wenigen Fälle, daß der Gegner nichts davon bemerkte, denn auf all ihren Liegeplätzen lagen die Einheiten stets wie auf einem Präsentierteller, von allen Seiten zu beobachten. Da die einheimische Bevölkerung —unter ihr zahllose Agenten — keinerlei Einschränkungen in ihrer Bewegung hatten, konnte jeder immer alles mitbekommen, und schon liefen die Meldungen über dunkle Kanäle an die entsprechenden Stellen des Gegners. Die Anlagen auf Spitzbergen wurden im konzentrischen Feuer aller Waffen zerstört und in Brand geschossen, auf den Zerstörern eingeschiffte Heerestruppen erledigten den Rest mit Sprengladungen. Am 9. September lag die TIRPITZ wohlbehalten wieder im Altafjord.

Für den Gegner stellte die ständige Bedrohung durch die TIRPITZ eine schwere Last dar, insbesondere die Royal Navy (RN) war davon betroffen, trug sie doch die Hauptlast in der sogenannten »Schlacht im Atlantik«. Allein die Anwesenheit der TIRPITZ zwang die Royal Navy, erhebliche Kräfte in Bereitschaft zu halten, die an anderen Plätzen viel dringender benötigt wurden. Folglich setzte sie erneut alles daran, die TIRPITZ auszuschalten. Da die RAF bis dahin das Ziel nicht erreicht hatte, ergriff die RN wiederum die Initiative.

Mit der Operation »Source« wurde erneut der Versuch unternommen, dem Schiff mit Kleinst-U-Booten beizukommen. Insgesamt sechs Stück machten sich im Schlepp normaler U-Boote auf den Weg. Nicht alle kamen an, nur zwei Boote (X 6 und X 7) konnten ihre Ladungen halbwegs gut plazieren, wobei X 6 vorzeitig entdeckt und vernichtet wurde. X 7 wurde beim Ablaufen entdeckt und versenkt. Die Schiffsführung der TIRPITZ tappte im Dustern, löste aber vorsichtshalber »Schotten-dicht-Alarm« aus.

Am 23. September um 08.12 Uhr detonierte an der Backbordseite, etwa sechs Meter vom mittleren Maschinenraum entfernt, die erste Ladung, die zweite folgte kurz darauf, etwa 61 Meter vor dem Backbordbug, denn die Schiffsführung hatte begonnen, das Schiff mit Hilfe der Spills von seinem Liegeplatz abzudrehen.

Die Schäden waren recht erheblich: Ausfall des größten Teils der elektrischen Beleuchtung, Teilüberflutung des E-Werkes 2, desgleichen Fluten der Doppelbodenseite und einiger Heizölbunker an der betroffenen Seite. 1°-Schlagseite nach Backbord (die durch Gegenfluten schnell behoben wurde). Im einzelnen waren die Fundamente der Dieselgeneratoren gerissen, nur einer war noch voll betriebsklar. In der Antriebsanlage waren das Fundament und das Gehäuse der Backbordturbine mit Kondensator (Niederdruck-/Rückwärtsturbine) gerissen, gelitten hatten auch das Wellen- und Drucklager, die Schiffsschraube(n) saß(en) fest. Die Backbordrudermaschinenanlage war durch undichte Stopfbuchsen geflutet. Bei der Artillerie waren die Türme der SA aus ihren Drehkränzen gesprungen, Turm A und B, am dichtesten am Detonationspunkt stehend, fielen für Wochen aus — ihre Drehscheiben waren aus der Flucht. Der achtere 15-cm-Turm Bb III war total verklemmt. Das einzige intakte EMeß-Gerät befand sich im Vormars, das vom Turm B war völlig zerstört. Die EMeß-Geräte des Kommandoturms und Turms C und die der MA mußten ersetzt werden. Beide achteren Flakleitstände waren beschädigt und von den vorderen beiden nur einer voll verwendungsbereit. Das Katapult war unbrauchbar, zwei Flugzeuge wurden beschädigt. Die Personalverluste waren gering: ein Mann gefallen, 40 verwundet.

Mit diesem, in der Nacht zum 22. September 1943 begonnenen Einsatz war es den Briten gelungen, die TIRPITZ vorerst außer Gefecht zu setzen. Für die Kriegsmarine erwuchs daraus ein ernstes Problem. Eine — eigentlich dringend erforderliche —Überführung in die Heimat war zu diesem Zeitpunkt nicht mehr möglich. So mußte die Instandsetzung in Norwegen erfolgen, sie wurde dem Werkstattschiff NEUMARK übertragen. Das benötigte Werftpersonal (rund 1000 Mann) wurde mit dem zugleich als Wohnschiff dienenden Passagierschiff NEW YORK aus der Heimat herbeigeschafft, desgleichen das erforderliche Spezialpersonal, wie Taucher u.a. Alle Ersatzteile kamen aus Deutschland. Der Schiffsboden wurde teilweise mit Zement abgedichtet, die Instandsetzung der Stopfbuchsen der Wellenleitungen und der Ruderanlage und andere Unterwasserarbeiten führte man mit Hilfe von Kofferdämmen durch. Die neuen EMeß-Geräte kamen vom unvollendeten Schweren Kreuzer SEYDLITZ, sie wurden auf diesem abgebaut bzw. dessen Beständen entnommen. Die Reparaturen währten bis ins Frühjahr 1944.

1944

Nachdem es der Royal Navy am 26. Dezember 1943 gelungen war, das im Nordmeer auf einen Geleitzug operierende Schlachtschiff SCHARNHORST zu stellen und zu vernichten, konzentrierte sie sich voll auf die endgültige Ausschaltung der TIRPITZ. Diese Aufgabe übernahm wiederum die Marine, denn mittlerweile verfügte sie über genügend Flugzeugträger und für diesen Einsatz geeignete Flugzeuge.

Am 10./11. Februar flogen erstmals sowjetische Bomber erfolglos einen Angriff auf die TIRPITZ, die inzwischen soweit wieder hergestellt war, daß sie am 15. März mit ersten Erprobungen beginnen konnte. Es folgten Meilenfahrten und weitere Erprobungen im Barbrudalen und Altafjord und eine abschließende MES-Vermessung. Das Schiff war wieder klar für 27 Knoten.
Währenddessen versammelte die Royal Navy mehrere Flugzeugträger im engeren Seegebiet: VICTORIOUS, FURIOUS, EMPEROR, PURSUER, SEARCHER und FENCER. Insgesamt führten diese mit: 42 Fairy-Skuas Typ »Barracuda«, 28 Vought F 4 V 1 B Typ »Corsair«, 20 Grumman F 6 F 3 Typ »Hellcat«, 40 Grumman FM 1 »Wildcat«, 14 Submarine »Seafire«, 8 Grumman F 4 F 4B Typ »Wildcat« und 12 Torpedobomber Typ »Swordfish«.
Mehrere Angriffstermine im Zeitraum zwischen dem 7. und 15. März mußten wegen der vorherrschenden Wetterlage verschoben werden, aber am 3. April startete schließlich die Operation »Tungsten«: In zwei kurz aufeinanderfolgenden Angriffen kamen die angesetzten Flugzeuge zum Erfolg. 1. Angriff um 05.28 Uhr. Wegen zu später Warnung nur zögernd einsetzende Abwehr, kaum Vernebelung, das Überraschungsmoment lag beim Angreifer. Die Wirkung war entsprechend. Die Angreifer kamen mit einer neuen Taktik: Bevor die Bomben fielen, griffen die Begleitjäger im Tiefflug an und hielten unter den ungeschützten Flak-Bedienungen ihre grausige Ernte. Der 2. Angriff folgte um 06.36 Uhr und verlief wie der erste. An ihm waren beteiligt 10 »Hellcats«, 20 »Wildcats« und erneut die »Barracudas«.
Die Personalverluste auf der TIRPITZ beliefen sich auf 132 Gefallene und 316 Verwundete, 2 Werftangehörige kamen hinzu. Der Munitionsverbrauch der TIRPITZ betrug 506 Schuß 10,5-cm-, 400 Schuß 3,7-cm- und 8260 Schuß 2-cm-Granaten. Der Gegner warf insgesamt an Bomben:

	1. Angriff	2. Angriff
227-kg-Halb-Panzersprengbomben	24	39
277-kg-Sprengbomben	12	9
272-kg-Uboot-Bomben	4	2
726-kg-Panzersprengbomben	7	2

Die Schäden der TIRPITZ nach insgesamt 16 Treffern bzw. Nahtreffern: Nahtreffer beim achteren Steuerbord-Kesselraum, Treffer Turm B, Treffer Achterdeck in Höhe Turm D, Treffer mit Durchschlag bis Panzerdeck über Backbord-Turbinenraum, Treffer im Backbord-Hangar mit Auswirkungen ins Deck mit Offiziermesse, Brände dort. Treffer Backbordseite Schornstein, Brände dort, Treffer ins Offizierwohndeck beim 15-cm-Turm Stb I, Treffer am Unterwasserschutz mit Eindrücken des Torpedoschotts auf 4,5 m Länge und Loch von 1 m x 0,5 m in der Außenhaut, an der Steuerbordseite vorn aufgerissene Außenhaut auf 15 m Länge und 5 m Breite. Schäden an der Steuerbord-Kielplatte und im Spantsystem, insgesamt 15 m aufgeplatzte Schweißnähte. Treffer durch das Backdeck, zwei Treffer durch das Oberdeck, ein Treffer beim 15-cm-Turm Bb I mit Bränden im Oberdeckbereich und Ausfall des Turms, Nahtreffer beim Steuerbord-Wellenlager.
Trotz dieser umfangreichen Schäden blieb die SA voll funktionsfähig. Für die Behebung der Unterwasserschäden benötigte das Werftpersonal rund einen Monat, und bereits zum 1. Juli war die TIRPITZ für Erprobungen angesetzt. Erste Probefahrten wurden schon für den 22. Juni eingeplant, mußten aber wegen erneutem Brennstoffmangel verschoben werden. Dieser Mangel verhinderte auch die bis dahin immer wieder überraschend durchgeführten Liegeplatzwechsel mit anderen schweren Einheiten.
Der Royal Navy genügten die mit dem Doppelangriff vom 3. April erteilten Schläge nicht. Ein erneuter, unter der Bezeichnung »Planet«, geplanter Angriff für den 24. April mit 40 »Barracudas« und 40 Jägern unterblieb wegen der Wetterlage, die sich in diesen Gefilden bekanntlich schlagartig verändern kann. Auch ein weiterer Angriff unter der Bezeichnung »Brawn« mit 27 »Buccaneers« und 36 Jägern mußte abgeblasen werden, und so erging es auch der Operation »Tiger Claw« am 28. Mai.
Erst am 17. Juni gelang der nächste Angriff, die Operation »Moscot«. Die Flugzeuge starteten von den Trägern FORMIDABLE, INDEFATIGABLE und FURIOUS, es waren 44 »Buccaneers«, 18 »Hellcats« und 30 Jäger. Frühzeitig geortet, erfolgte bereits um 02.19 Uhr die Vorwarnung für die TIRPITZ, die Abwehr setzte voll ein. So blieb der Angriff

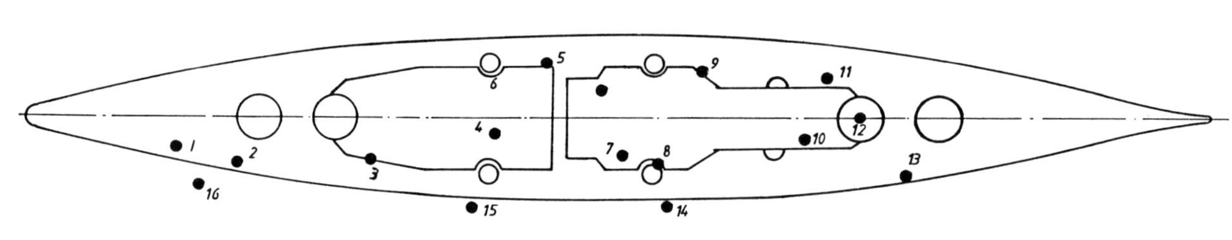

Auswertung der mit dem Angriff am 3. April 1944 auf die TIRPITZ erzielten Treffer und Nahtreffer

ohne Erfolg, die TIRPITZ verschoß 39 Schuß 38-cm-, 359 Schuß 15-cm-, 1973 Schuß 10,5-cm-, 3 967 Schuß 3,7-cm- und 28 500 Schuß 2-cm-Granaten.

Am 31. Juli und 1. August fand die letzte Seefahrt statt, gemeinsame Übungen mit den Zerstörern Z 29, Z 31, Z 33, Z 34 und Z 39. Dann kamen wieder die Flugzeuge: am 22. August mit der Doppeloperation »Goodwood I« und »Goodwood II«. Es waren insgesamt 32 »Barracudas« und 43 Jäger von den Trägern FORMIDABLE, INDEFATIGABLE, FURIOUS, NABOB und TRUMPETER. Der Angriff wurde abgewehrt, es gab keine Erfolge. Erneut verschoß die TIRPITZ 75 Schuß 38-cm-, 487 Schuß 15-cm-, 2000 Schuß 10,5-cm-, 4000 Schuß 3,7-cm- und rund 30 000 Schuß 2-cm-Granaten. Es gab an Bord einen Gefallenen und zehn Verwundete.

Der nächste Angriff, Operation »Goodwood III«, mit 33 »Buccaneers«, 10 »Hellcats«, 5 »Corsairs« und 29 Jägern der Träger INDEFATIGABLE, FURIOUS und FORMIDABLE folgte am 24. August und erbrachte zwei Treffer: Einer zerstörte die 2-cm-Vierlingslafette auf der Decke des Turms B, der zweite ging, ohne zu detonieren, in die Backbordseite Höhe Brücke, durchschlug fünf Decks und blieb in der Schaltstelle 4 im Plattformdeck als Blindgänger liegen. Die Bomben wurden aus einer Höhe von etwa 1 500 m geworfen. Die TIRPITZ verschoß wiederum 72 Schuß 38-cm-, 510 Schuß 15-cm-Granaten und etwa 40 Prozent der Flakmunition. Es waren acht Gefallene und 13 Verwundete zu beklagen. Der Angriff selbst war um 15.35 Uhr auf eine Entfernung von 63 Meilen erkannt worden, um 15.41 Uhr wurde auf der TIRPITZ Alarm ausgelöst, um 16.00 Uhr war das Schiff eingenebelt.

Bereits am 29. August kamen die Flugzeuge erneut. Es waren die Operation »Goodwood IV« mit 26 »Buccaneers«, 2 »Corsairs«, 7 »Hellcats« und 25 Jägern. Da die TIRPITZ wiederum vorgewarnt war, warfen die Flugzeuge ihre Bomben im Blindwurf, denn die Einnebelung war total. Es gab Nahtreffer und sechs Verwundete; lediglich der Munitionsaufzug einer 10,5-cm-Flak wurde zerstört. Der Munitionsverbrauch der TIRPITZ lag bei 54 Schuß 38-cm- und 161 Schuß 15-cm-Granaten sowie 20 Prozent der Flakmunition. Bis dahin waren in 95 Anflügen von Bombern und 73 Anflügen diese begleitender Jäger insgesamt 52 t Bomben geworfen worden — die TIRPITZ aber war noch immer ein kampffähiges Schiff.

Der 15. September schließlich läutete das kommende Ende ein. Mit der Operation »Paravane« übernahm erneut die RAF die Aufgabe, der TIRPITZ den Todesstoß zu versetzen. Erstmalig setzte das »Bomber Command« Spezialbomben ein. Am 10. September starteten in Lossiemouth/Schottland 36 Bomber des Typs »Lancaster«. Sie nahmen Kurs auf einen sowjetischen Flugplatz bei Archangelsk, von wo aus sie ihren Angriff starten wollten. Sie gehörten zur 5. Gruppe, 617. und 9. Staffel des »Bomber Command« und hatten sich mit der Zerstörung der Möhnetal- und Edertalsperre im Mai 1943 einen Namen gemacht. Sie nannten sich die »Dam Busters«. Von den 36 Maschinen kamen nur 23 am Ziel an, die anderen landeten durch Fehlkoppelung andernorts. Trotzdem konnten am 15. September 27 Maschinen starten. Von ihnen hatten 21 je eine 5,45-t-Bombe, sogenannte »Tallboys«, geladen, die anderen führten je 12 182-kg-JW II-Schwimmbomben mit.

Die TIRPITZ war wiederum rechtzeitig alarmiert worden und total eingenebelt, so daß die Bomber ihre Last blind abwarfen. Trotzdem erzielten sie einen Direkttreffer, der das Deck vor dem Kettenstopper auf der Back durchschlug, nach außenbords ging und dann als Nahtreffer direkt am Schiff in Höhe Kiel, etwa 10,5 m hinter der Bugspitze detonierte und in seiner Wirkung dadurch viel schlimmer war. Der Steuerbord-Vorsteven erhielt ein Loch von 9,7 x 14,6 m Größe, die Struktur war bis zu dem 36 m dahinterliegenden Panzerquerschott zerstört, das Panzerdeck um einen Meter, andere Decks ganz nach oben gedrückt. Das Vorschiff wurde überflutet und sackte um 2,4 m tiefer. Die Trimmung wurde durch Fluten der achteren Seitenabteilungen und Umpumpen von Heizöl wieder hergestellt. Schließlich befanden sich 1 500 t Wasser im Schiff. Der Nahtreffer hatte den Schiffskörper kräftig erschüttert und die Turbinen in Mitleidenschaft gezogen. Sie fielen für etwa eine Woche aus.

Zahlreiche optische Feuerleitgeräte waren unklar, die Funkantennen am Mast waren gerissen. Da auf dem Schiff rechtzeitig Gefechtsalarm ausgelöst worden war, hielten sich die Personalverluste in Grenzen, es gab nur fünf Verwundete. Alle Geschütze, einschließlich weiterer 98 an Land aufgestellte, hatten ein gewaltiges Sperrfeuer gelegt.

Die TIRPITZ war nun nicht mehr seefähig. Die Besichtigung und Aufnahme aller Schäden ergab, daß es mindestens neun Monate dauern würde, bis alles wieder klar sein würde. Wichtig war ein neuer Bug. Bis dahin waren nur die Waffen einsatzbereit. Die Maschinenanlage war schnell wieder verwendungsbereit. Am 23. September fand in der Heimat die entscheidende Besprechung statt, Fazit: Reparatur nicht mehr möglich, da Waffen aber wichtig, Verwendung als »Schwimmende Batterie« in einer dazu vorzubereitenden Verteidigungsstellung.

Hierzu wurde der Lyngenfjord vor der Insel Haaköy bei Tromsö auserwählt. Die Besichtigung und damit verbundene Vermessung des auserwählten Ankerplatzes ergab, daß das Wasser unter dem Kiel etwa 12 m tief sein würde, daß der Untergrund felsig war und eine etwa 1 m dicke Sandschicht trug. Tatsächlich ergaben nachfolgende Messungen, daß der Wasserstand unter dem Kiel 17 m war, daß der Boden nicht felsig war, daß die Sandschicht wesentlich dicker war und außerdem aus Schlick bestand. Daher wurde beschlossen, den Boden unter dem Schiff und um das durch Netze gesicherte Schiff herum aufzufüllen. Hierzu waren rund 28 300 m^3 Schutt erforderlich. Heute weiß man, daß die zweite Vermessung auch nicht vollkommen war, denn der Ankerplatz war nicht eben, sondern hatte ein — etwa in der

Mitte liegendes — tiefes Loch, von den Norwegern als Fischergrund benutzt. Das Unglück wollte es, daß ausgerechnet diese übersehene Vertiefung später, als das Schiff kenterte, insofern zum Verhängnis wurde, als die Mast- und Schornsteingruppe ausgerechnet hier hineinkippte.
Nachdem der Vorsteven in Notreparatur soweit wieder hergestellt worden war, daß das Schiff mit zehn Knoten fahren konnte, verließ es am 15. Oktober den Kaafjord und ankerte am 16. Oktober an seinem neuen Platz. Bereits am 18. Oktober flogen die Briten Aufklärung, und die TIRPITZ wurde sowohl von »Fireflies« der 1771. Staffel an Bord des Trägers IMPLACABLE als auch von einer »Mosquito« der 540. Staffel entdeckt, fotografiert und gemeldet.
Und schon meldete sich wieder das »Bomber Command«, am 29. Oktober kam es mit 32 »Lancasters«. Die TIRPITZ war zwar rechtzeitig vorgewarnt worden, aber die Wetterlage verhinderte eine vollkommene Vernebelung. Und auch dieses Mal warfen die Briten ihre 5,45-t-Bomben blind. Alle gingen daneben, aber ein Nahtreffer war dabei. Diese Bombe detonierte etwa in 15 m Abstand von der Backbordseite in Höhe der Ruderanlage. Die Außenhaut wurde aufgerissen, die Außenstopfbuchsen der Backbordwelle zerstört, das Achterschiff an Backbord auf 35 m Länge geflutet. Dieser Angriff trug die Bezeichnung »Obviate«.

Jetzt war die TIRPITZ nichts weiter mehr als eine stationäre »Schwimmende Batterie«. Zusätzlich erhielt sie weiteren Flakschutz an Land und im Wasser, wo in angemessenem Abstand die beiden Flakschiffe NYMPHE (ex norwegisches Panzerschiff TORDENSKJOLD) und THETIS (ex norwegisches Panzerschiff HARALD HAARFAGRE) vor Anker lagen. Nicht mehr benötigte Materialien, Waffen und Besatzungsangehörige gingen von Bord, so z.B. die Torpedosprengköpfe, der Flugzeugtreibstoff, die Flugzeugausrüstung und -munition. Von der Besatzung stieg vorwiegend schiffstechnisches Personal aus, bis auf die für den Betrieb der Kessel und Turbo-Generatoren benötigten Spezialisten. Instandgesetzt wurde nichts mehr, der Angriff vom 29. Oktober hatte der Backbordwelle einen Schlag versetzt, der ohne Ausbau nicht zu beheben war, auch das Backbordruder war beschädigt. Das Schiff war somit auch nicht mehr bewegungsfähig. Ab 2. November fing man an, den Untergrund aufzufüllen.

Die Arbeiten waren am 11. November erst knapp zur Hälfte fertig, hinzu kam, daß der Angriff vom 29. Oktober auch hier einige Veränderungen bewirkt hatte, die man nicht erkannte.

Am 12. November starteten auf dem Flugplatz Lossiemouth erneut 32 »Lancaster« der 9. und 617. Staffel, beladen mit 29 5,45-t-Bomben. Die Operation »Catechism« lief an. Für die TIRPITZ wurde um 08.00 Uhr die erste Warnung gegeben, und um 09.00 Uhr war die Gefechtsbereitschaft hergestellt. Aus bis heute nicht ganz geklärten Umständen sah sich die deutsche Luftwaffe nicht in der Lage, von einem etwas entfernt gelegenen Flugplatz Jagdschutz zu bieten, die TIRPITZ blieb auf sich allein gestellt. Um 09.38 Uhr eröffneten die Türme A und B das Sperrfeuer auf die noch 13,5 Meilen entfernten gemeldeten Bomber. Bei nur noch 9,5 Meilen Entfernung fielen die 15-cm-und 10,5-cm-Geschütze ein. Um 09.41 Uhr fielen die ersten Bomben. Das Schiff erhielt zwei Direkttreffer, einer an Backbordseite von Turm B, den anderen Backbord mittschiffs. Letzterer durchschlug das Panzerdeck und detonierte im Kesselraum. Es gab ein Loch in der Außenhaut, das vom Schlingerkiel bis zum Oberdeck reichte. In diese 14 m lange Öffnung strömte sofort Wasser und überflutete die Kesselräume Backbord I und Mitte. Auch der Backbordturbinenraum lief voll. Das Schiff nahm eine Backbordschlagseite von 15° bis 20° ein. Eine Bombe detonierte als Nahtreffer bei der Back. In den nachfolgenden drei Minuten fielen weitere Bomben: Eine detonierte an der Backbordseite beim 15-cm-Turm Bb III, eine als Nahtreffer neben dem 15-cm-Turm Bb. Sie rief ein Leck im Kesselraum Backbord II und in den Magazinen und Munitionskammern des 15-cm-Turms Bb II hervor. Ein Treffer ging ins Magazin und die Munitionskammer des 15-cm-Turm Bb III und sorgte für Leckagen im achteren Kreiselkompaßraum und dem dortigen Lüfterraum. Jetzt waren etwa 67 m der Backbordseite geflutet, das Schiff hatte 40° Schlagseite und lag bis zur Oberkante Oberdeck im Wasser.
Gegen 09.45 Uhr kam der Befehl, die unteren Decks zu räumen. Trotz der hohen Personalverluste bei den Flak-Bedienungen und der großen Schäden schossen die Geschütze weiter, auch die Maschinenwaffen.

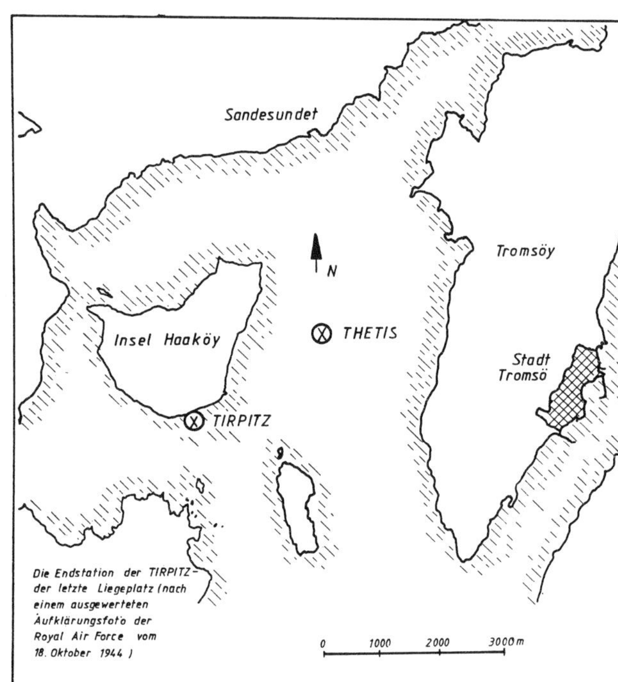

Die Endstation der TIRPITZ – der letzte Liegeplatz (nach einem ausgewerteten Aufklärungsfoto der Royal Air Force vom 18. Oktober 1944)

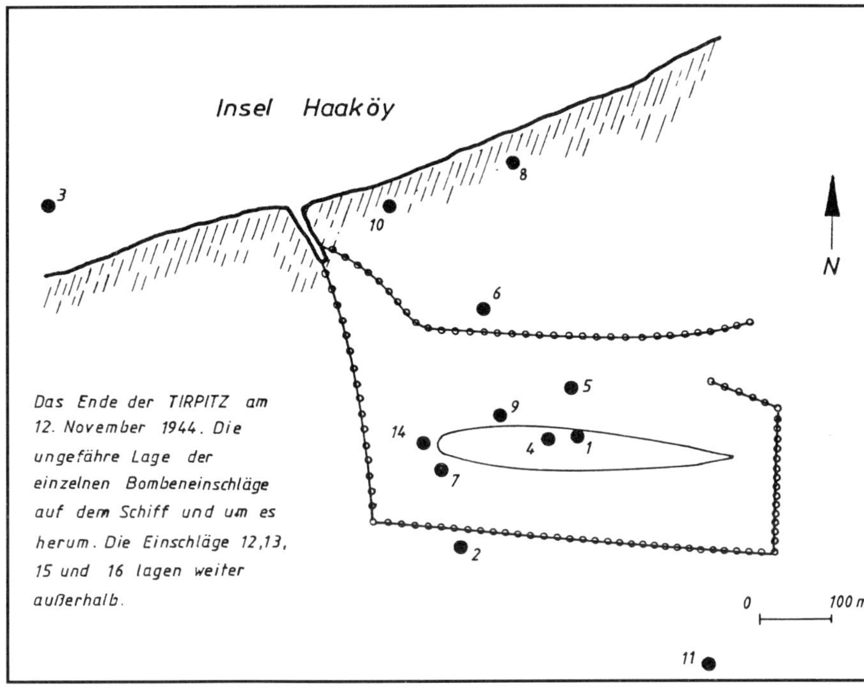

Das Ende der TIRPITZ am 12. November 1944. Die ungefähre Lage der einzelnen Bombeneinschläge auf dem Schiff und um es herum. Die Einschläge 12, 13, 15 und 16 lagen weiter außerhalb.

Gegen 09.50 Uhr hatte sich der Schiffskörper auf 70° geneigt. Durch den Nahtreffer beim 15-cm-Turm Bb III war auch ein Brand ausgebrochen, der nicht unter Kontrolle gebracht werden konnte. Das Feuer erreichte das Magazin des Turms C, und gegen 09.50 Uhr flog der Turm in die Luft. Um 09.52 Uhr kenterte die TIRPITZ auf einen Winkel von 135°.
Mit der TIRPITZ fanden 971 Besatzungsangehörige den Tod, 806 wurden gerettet, weitere 82 konnten nach dem Untergang noch aus dem Schiff herausgeholt werden.*
Das Wrack der TIRPITZ (auch das der noch immer im Oslo-Fjord liegenden BLÜCHER und weitere etwa 40 Wracks aller Art) wurde nach Kriegsende von einem ehemaligen norwegischen Widerstandskämpfer käuflich erworben (man spricht von 75 000 Kronen). Da ihm und seinen Teilhabern jedoch die finanziellen Mittel ausgingen, verkaufte er alles weiter an die Hamburger Firma Eisen & Metall. Der Abbruch der TIRPITZ war 1951 abgeschlossen.

Die zentrale Gedenkstätte für das Schlachtschiff befindet sich in Wilhelmshaven, wo sich jährlich der Rest der Bordkameradschaft der TIRPITZ-Fahrer trifft, um auf dem Ehrenfriedhof einen Kranz niederzulegen, in der Garnisonskirche einen Gedenkgottesdienst abzuhalten und der toten Kameraden zu gedenken.

* Gemäß »Der Scheinwerfer« — Mitteilungsblatt der Bordgemeinschaft Schlachtschiff TIRPITZ, Nr. 2, Dezember 1989.

Schiffsführung

Kommandant

02. 1941 - 02. 1943	KptzS	Karl Topp
02. 1943 - 05. 1944	KptzS	Hans Meyer
05. 1944 - 11. 1944	KptzS	Wolf Junge
11. 1944	KptzS	Robert Weber (i. V.)

Erster Offizier (IO)

02. 1941 - 10. 1942	FKpt	Paul Friedrich Düwel
10. 1942 - 08. 1943	KptzS	Heinz Assmann
08. 1943 - 05. 1944	KptzS	Wolf Junge
05. 1944 - 11. 1944	KptzS	Robert Weber

Navigationsoffizier (NO)

02. 1941 - 05. 1941	KKpt	Werner Köppe
05. 1941 - 03. 1942	KKpt	Gerhard Bidlingmaier
03. 1942 - 02. 1944	KKpt	Kuno Schmidt
02. 1944 - 04. 1944	KKpt	Hugo Heydel
04. 1944 - 09. 1944	FKpt	Hans-Henning v. Salisch
09. 1944 - 11. 1944	KKpt	Gerfried Brutzer

Erster Artillerieoffizier (IAO)

02. 1941 - 09. 1943	FKpt	Robert Weber
09. 1943 - 11. 1944	KKpt	Willi Müller

Leitender Ingenieur (LI)

02. 1941 - 10. 1942	FKpt (Ing)	Oskar Stellmacher
10. 1942 - 09. 1943	FKpt (Ing)	Paul Steinbüchler
09. 1943 - 11. 1944	FKpt (Ing)	Alfred Eichler

Tarnschemata

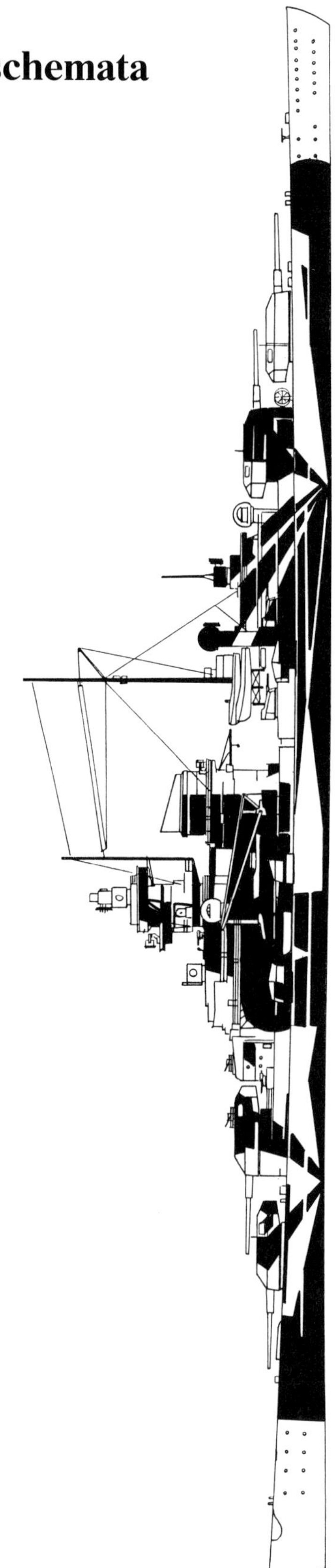

Tarnschema Juli 1942, Backbordansicht

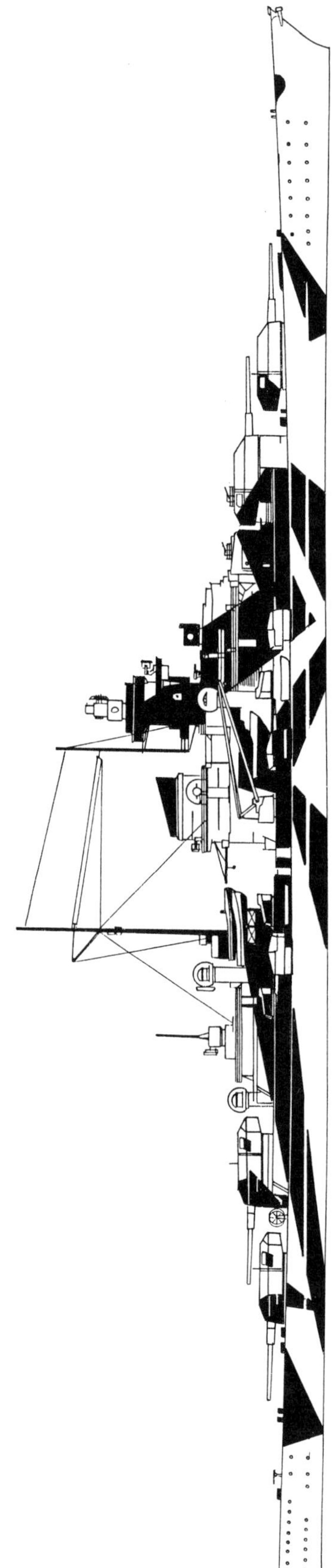

Tarnschema März 1944, Steuerbordansicht

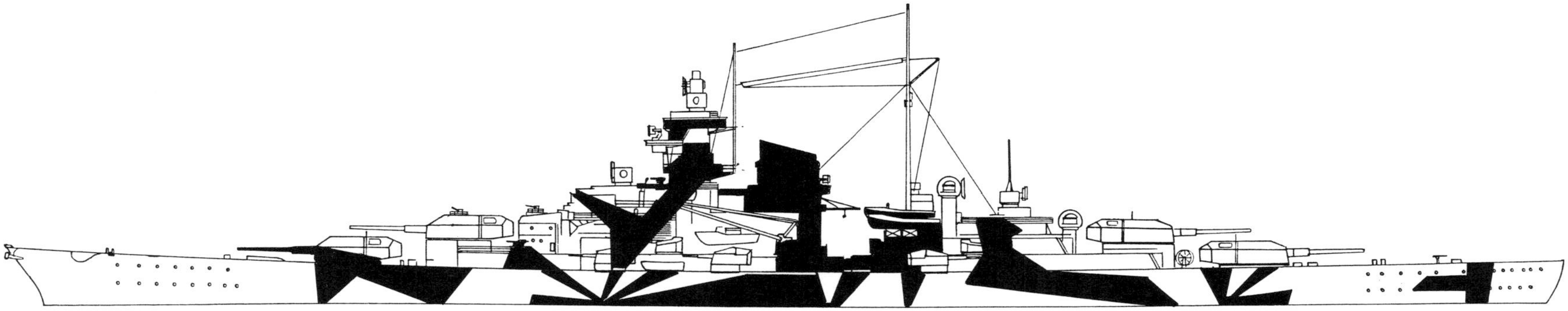

Tarnschema März 1944, Backbordansicht

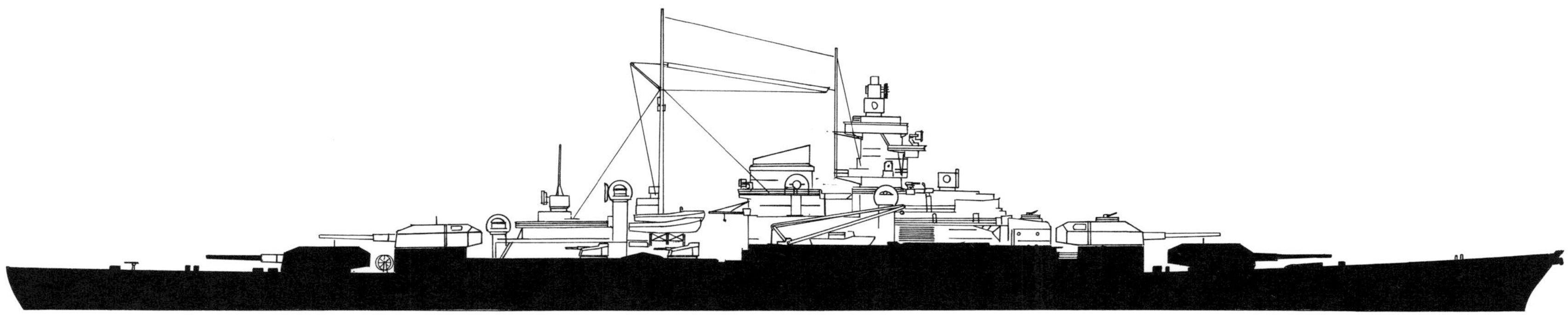

Tarnschema Mai-August 1944, Steuerbordansicht

Schlußbetrachtung

Nach Kriegsende 1945 und auch in den späteren Jahren wurden, nicht zuletzt durch die nach Rückgabe der von den Siegermächten beschlagnahmten deutschen Dokumente und Unterlagen und nun in deutschen Archiven lagernden Akten und die dadurch gegebene Möglichkeit der Einsichtnahme und des Studiums, zahlreiche Bücher über den Seekrieg oder die Unternehmungen von gemischten Kampfgruppen bzw. Einzelschiffen — oft Sachbücher eher populärer Art — sowie Beiträge in Fachzeitschriften veröffentlicht.

Der deutsche Kriegsschiffbau wurde hierbei durchaus auch kritisch unter die Lupe genommen. Daß dabei manche Ansicht oder Stellungnahme subjektiv war, ist ebenso richtig wie die Feststellung, daß der überwiegende Teil aller Veröffentlichungen bemüht war, objektiv zu urteilen.

Eine VDI-Denkschrift, verfaßt von namhaften ehemaligen Fachleuten der Marine, kommt allgemein zu folgendem Schluß:

»Der Kriegsmarine fehlten beim Aufbau der Flotte 1933 bis 1938 nicht die Mittel, sondern die richtige Planung. Der für die Zusammensetzung der Kriegsmarine, wie sie 1939 in den Krieg eintrat, verantwortliche Personenkreis war seiner Aufgabe nicht gewachsen, denn:

Kriegsschiffe, größer als Zerstörer, werden für den Seekrieg im Atlantik gebaut. Bei fehlender Bunkerkapazität außerhalb der Heimat kann ein Schiff nur dann wirksam Seekrieg führen, wenn es einen ausreichenden Fahrbereich hat. Dieser Erkenntnis trug man beim Bau der Panzerschiffe Rechnung, sie erhielten Dieselmotoren. Umso unverständlicher ist das Verlassen dieses Weges schon 1934 und die Rückkehr zum Dampfantrieb bei der SCHARNHORST und GNEISENAU, später bei der BISMARCK und TIRPITZ. Es gab — besonders für Deutschland — kaum einen unzweckmäßigeren Typ als die Schweren Kreuzer: unzureichend bewaffnet (20,3 cm), unzulänglich gepanzert und mit nur geringem Fahrbereich. Sie waren ebenso nutzlos wie überflüssig.«

Schiffskörper und Panzerschutz

Mit Ausnahme Deutschlands wendeten alle Seemächte in ihren modernen Großkampfschiffen das »Alles-oder-Nichts-Schutzsystem« an. Bei BISMARCK und TIRPITZ orientierten sich die Konstrukteure an den beiden letzten deutschen Großkampfschiffen der Kaiserlichen Marine, BADEN und BAYERN. Deren Panzerschutz basierte — mit Verbesserungen — auf dem ihrer Vorgänger, die sich damit in der Skagerrakschlacht voll bewährt hatten. Hinzu kam, daß der deutsche Großkampfschiffbau eine lange Durststrecke hatte durchwandern müssen: es gab keinerlei Erfahrungen, es gab keine Test- und Versuchsmöglichkeiten. Mit Kriegsende 1918 hatten alle modernen Großkampfschiffe ausgeliefert werden müssen, der Rest wurde entweder ebenfalls ausgeliefert oder mußte verschrottet werden. Es blieb kein Schiff übrig, mit dem man hätte ausgiebig experimentieren können. Zwar gab es die beiden ferngelenkten Zielschiffe HESSEN und ZÄHRINGEN, aber die standen für Versuche nicht zur Verfügung. Die alte Kohlenhulk FALK konnte man nur bedingt für Unterwasseransprengversuche nutzen, desgleichen das Mittelstück des abgebrochenen alten Linienschiffes PREUSSEN.

Was die BISMARCK-Klasse von der BAYERN-Klasse unterschied, waren die wesentlichen größeren Abmessungen und besseres Panzermaterial, abgesehen davon natürlich die allgemein modernere Ausrüstung über alles.

Die Steigerung der Antriebsleistung um das 2,5fache, von 52 800 WPS der BADEN auf 138 000 WPS, erbrachte eine Geschwindigkeitssteigerung von 22,5 auf 30 Knoten. Das erforderte naturgemäß einen größeren Raumbedarf für die Antriebsanlage und hatte zur Folge, daß der Schiffskörper auf 36 m verbreitert und in der Konstruktionswasserlinie verlängert wurde. Die große Breite verlieh dem Schiffskörper eine hohe Anfangsstabilität und machte ihn zu einer beständigen Waffenplattform. Ein wichtiger Faktor war auch die Schaffung eines besonderen inneren Bereiches im Schiff, tiefe Längsschotts gaben Schutz gegen Unterwassertreffer.

Der Gürtelpanzer verlieh normalerweise Schutz gegen 38-cm-Geschosse, die, aus einer Entfernung von etwa

15,5 km abgefeuert, in einem Winkel von 90° (also rechtwinklig) trafen. Das ist die Theorie. In der Praxis ist der Winkel wesentlich kleiner und dadurch die effektive Stärke der Panzerung entsprechend höher. Die deutsche Marine bevorzugte stets die vertikale Anordnung des Hauptgürtelpanzers sowie eine (durchaus) wirkungsvolle und umfassende Verteilung des Panzerschutzes über den gesamten Schiffskörper, ganz im Gegensatz zum Prinzip des »raft body« (gedrungene Zitadelle), das die USA und Frankreich bevorzugten. Bis etwa 1930 herrschte in Kreisen der Konstrukteure die klassische Auffassung, daß der Gürtelpanzer in seiner Stärke dem Kaliber der SA entsprechen müsse. Schließlich kamen die Waffenexperten aber zu dem Schluß, daß der »ewige« Kampf zwischen Geschoß und Panzerung letztlich vom Geschoß gewonnen würde. Folglich ging man beim Gürtelpanzer von dieser Regel ab und dazu über, Verdrängung und Raumaufteilung als bestimmende Faktoren für Panzerstärke und Ausdehnung des Gürtels zu wählen. Mitbestimmend für diese Entscheidung war auch die Erkenntnis, daß durch die Einführung neuer Feuerleitanlagen die Kampfentfernung gewachsen war. Daher mußte man nun den Geschossen, die unter einem anderen Winkel als 20° auftreffen konnten, die entsprechende Aufmerksamkeit widmen, dem sogenannten »plunging fire« (Steilfeuer). Das erforderte eine Verbesserung des Horizontalpanzerschutzes. Und *dieser* Schutz hat sich bei den deutschen schweren Einheiten als nicht ausreichend erwiesen.

Diese Erkenntnis trat aber erst nach Kriegsausbruch 1939 offen zutage, denn nun erst wurde man sich der Gefahr bewußt, die aus der Luft kam. Als Beispiel mag die BISMARCK gelten, bei der sich wohl erstmals klar zeigte, daß Einheiten dieser Größe ohne entsprechenden Schutz und als Einzelfahrer auf sich allein gestellt meistens den angreifenden Flugzeugen zum Opfer fallen. Gleiche Erfahrungen machten wenig später die Briten, als die PRINCE OF WALES und REPULSE das gleiche Schicksal erlitten. Die weiterhin wegen ihrer Feuerkraft dominierenden Großkampfschiffe konnten nur noch operieren, wenn sie über einen ausreichenden Eigenschutz, aber auch über den Schutz durch zusätzliche Sicherungskräfte verfügten, und diese Rolle übernahmen die neuen schnellen Flugzeugträger.

Der Bedrohung aus der Luft waren die deutschen Einheiten nicht mehr gewachsen, die Fliegerbombe, aber auch der Lufttorpedo gewannen — anfangs weniger, dann immer mehr — an Bedeutung. Ihr Auftreffwinkel war nahezu senkrecht, und eine 500-kg-Bombe, aus 4500 m Höhe abgeworfen, war in der Lage, eine 152-mm-Panzerung glatt zu durchschlagen. Im Gegensatz zu ihren ausländischen Zeitgenossen schnitten BISMARCK und TIRPITZ nicht gut ab, von den anderen schweren Einheiten gar nicht zu reden. *Der Horizontalschutz war die große Schwachstelle.* Die SCHARNHORST wurde z. B. im Juli 1941 in La Pallice von einer 453,6-kg-Bombe getroffen, die glatt durch 191 mm Panzerung hindurchging. Von insgesamt fünf Treffern an der Steuerbordseite durchschlugen zwei das gepanzerte Oberdeck, das Batterie- und das Zwischendeck und detonierten im unteren Panzerdeck. Die übrigen drei durchschlugen sämtliche Decks.

Zwar war das Panzermaterial wesentlich verbessert worden, aber gegenüber den Vorgängern wiesen BISMARCK und TIRPITZ lediglich eine einzige Veränderung auf, nämlich das zusätzliche Panzerdeck nahe der Wasserlinie, horizontal über den Magazinen und der Maschinenanlage befindlich und mit einer 25°-Böschung bis zur Unterkante des Gürtelpanzers verlaufend.

Das Oberdeck der TIRPITZ widerstand zwar steil einfallenden 15,2-cm-Geschossen, nicht aber einer aus 900 m Höhe geworfenen 227-kg-Halbpanzersprengbombe. Daher war das Gesamtvolumen des Schiffes über der Wasserlinie — ausgenommen die Türme und Barbetten — durch Bomben und Granaten verwundbar. Diese auffallende Konstruktionsschwäche ist bei BISMARCK und TIRPITZ klar ersichtlich: Während des Endkampfes der BISMARCK mit den britischen Großkampfschiffen RODNEY und KING GEORGE V erhielt sie zwar die meisten der 40,6-cm- und 35,6-cm-Treffer auf kürzeste Entfernung, jedoch nicht unter einem Auftreffwinkel, bei dem das Hauptpanzerdeck gefährdet war. Es gab anfangs einige wenige Treffer, die erhebliche Ausfälle in der Schiffsführung, bei den Feuerleitanlagen und vor allem in den BÜ-Einrichtungen zur Folge hatten. Als der Kampf sich seinem Ende zuneigte, war die BISMARCK von vorne bis hinten über der Wasserlinie zusammengeschossen, und es bedurfte nur noch dreier Torpedos, sie zu versenken. Dabei ist die Tatsache, daß zuvor die Bodenventile geöffnet und Sprengladungen gezündet wurden, nicht unbedingt ausschlaggebend.

Drei Jahre später wurde die TIRPITZ von zahlreichen Bomben getroffen, keine detonierte unterhalb des Panzerdecks, aber die darüber befindlichen Anlagen waren zerstört. Es gab hohe Personalverluste. Nur fünf Bomben waren unterhalb des Oberdecks detoniert.

Antriebsanlage

Daß man bei den beiden Einheiten zum Dampfantrieb zurückkehrte, lag sicherlich mit am überhasteten Aufbau der Kriegsmarine. Die Erfahrungen, die man bis dahin mit den hochgezüchteten Dampfanlagen auf den Flottenbegleitern F 1 - F 10, auf dem Aviso GRILLE und auch auf den Zerstörern gemacht hatte, hätten eigentlich aber dazu führen müssen, den etwas mühsameren Weg zu gehen, nämlich einen brauchbaren Dieselmotor zu entwickeln. Der gute Wille der Motorenhersteller war sicherlich vorhanden, auch seitens der Marine gab es zahlreiche Befürworter. Auf der anderen Seite »herrschte« der immer noch in alten Gleisen fahrende Trott einer schwerfälligen Hierarchie. Die Antriebsanlagen der drei Panzerschiffe hatten sich immerhin voll bewährt.
Die deutsche Marine bevorzugte als einzige der Welt bei ihren Großkampfschiffen den Dreiwellenvortrieb. Diese Anlage war wesentlich leichter als die vergleichbaren Vierwellenanlagen ausländischer Zeitgenossen. Sie hat sich zu jeder Zeit gut bewährt. Der unglückliche Torpedotreffer auf der BISMARCK war einer jener Zufälle, die selten vorkommen. Er ist kein Maßstab für ihre Beurteilung.

Waffen und Waffenleitanlagen

Beim Bau der BISMARCK-Klasse hielten die Konstrukteure an der altbewährten Doppelturmaufstellung der SA vorn und achtern fest. Sie gaben ihr wegen der besseren Feuerverteilung und effektiveren Salvenfolge und -wirkung den Vorzug. Auch bei den nachfolgenden schwächeren Kalibern, der 15-cm-Mittelartillerie und 10,5-cm-Flak, blieb es bei der konventionellen Trennung. Die 15-cm-MA verschoß theoretisch acht, tatsächlich aber nur sechs Schuß/Rohr/Minute. Das war gegen Flugzeuge zu langsam. Hinzu kam, daß die Turmdreh- und die Rohrerhöhungsgeschwindigkeit zu gering waren, um sie als wirksame Flak verwenden zu können. Mit diesem Geschütz hatte man an die klassische Zerstörerabwehr gedacht. Daß die TIRPITZ später dieses Kaliber ebenfalls zur Fliegerabwehr einsetzte, hatte andere Gründe: Man versuchte auf weitere Entfernung durch Sperrfeuer die anfliegenden Verbände am Angriff zu hindern. Genauso verfuhr man mit der SA.
Die Flak war völlig unzureichend, es fehlte ein Geschütz, das schnelle hochfliegende Bomber auf weite Entfernung oder tieffliegende Torpedoflugzeuge auf kurze Entfernung gleichermaßen wirksam bekämpfen konnte. Man hatte nicht erkannt, daß eine Mehrzweckwaffe weitaus wirkungsvoller operieren konnte. Konstruktionsmäßig wäre genügend Platz vorhanden gewesen. Aber mit diesem Problem beschäftigten sich auch die anderen Seemächte, die erst gegen Kriegsende brauchbare Lösungen fanden. Deutschland hingegen besaß bereits eine ausgezeichnete Waffe: die 12,7-cm-Flak L/45, Modell 34, Reichweite bei 30° Erhöhung 10 497,3 m, Geschoßgewicht 23,45 kg und mit einer Vo von 829,97 m/sek. Sie hat sich bei der Abwehr von Bombenangriffen auf das Reichsgebiet gut bewährt.
Die VDI-Denkschrift (mit handschriftlichen Ergänzungen vom April 1957 von einer Persönlichkeit, die mit der ganzen Materie vertraut war, dem früheren Ministerialdirigenten Dipl.-Ing. Ludwig Cordes, ab Dezember 1942 Chef der Amtsgruppe Artilleriekonstruktion des OKM) kommt — insbesondere, was die Feuerleitanlagen betrifft — zu bemerkenswerten Schlüssen:

»Es gab in der verantwortlichen Position des OKM keinen Fachmann, der die Belange in diesem Punkt vertrat. Die Entscheidungen lagen bzw. trafen letztlich stets militärische Stellen, und es kam zu häufigen Fehlentscheidungen.

Flak BISMARCK: Es gab zwei unterschiedliche Modelle, die vier vorderen 10,5-cm-Flak, Modell C 33 in Doppellafette C 31, die achteren, ebenfalls Modell C 33 in Doppellafette C 37. Die Geschütze unterschieden sich prinzipiell im Koordinationssystem ihrer Zielwerte. Für sich waren beide Waffen einwandfrei, aber leider hatte man vergessen, mit Einbau des Typs C 37 die erforderlichen Maßnahmen für die zugehörigen Feuerleitgeräte mit einzuleiten, was dazu führte, daß bei richtig rechnendem Feuerleitgerät und vorschriftsmäßiger Bedienung des Zielwerkes, die Flak C 33 richtig schoß, die mit der Lafette C 37 jedoch am Ziel vorbei. Der Fehler lag klar in der vom OKM übergeordneten Planung der technischen Funktionseinheit, bestehend aus Feuerleitanlage und Geschütz.

Flakleitstände: Die bis Kriegsende auf den schweren Einheiten verwendeten Flakleitstände mit großen Kreiseln im Kardanringsystem waren technisch außerordentlich unvollkommen und ungenügend. Außerdem waren sie mit einem Gewicht von 40 t viel zu schwer, machten das Schiff topplastig, was wiederum Auswirkungen auf die Stabilität hat. Im Gefecht traten viele Mängel zutage. Hinzu kommt, das Kardanringsystem war gegen Unterwassertreffer sehr empfindlich. Bereits leichteste Treffer führten zum Bruch des Kardanringes und folglich zum Totalausfall des Systems.
Bereits 1932 (!) legten Ingenieure Vorschläge für eine Neuentwicklung auf den Tisch und schlugen der Marine eine wesentlich bessere und zweckmäßigere Bauart dieser Leitstände vor, mit kleinen Kreiseln und Lagerung in stabiler Kantachse. Trotz wiederholter Vorschläge fing man erst 1942 an, hier etwas zu ändern. Das Versuchs- und Protostück wurde gegen Kriegsende fertig, kam aber nicht mehr zum Einbau. Neben wesentlich besserer Handhabung und bei gleicher Panzerung hätte dieses Gerät nur sechs Tonnen gewogen.

Auch für Maschinenwaffen (3,7 cm und 2 cm) wurden bereits 1933 Vorschläge für automatische Feuerleiteinrichtungen vorgebracht. Man dachte in den damit befaßten Ingenieurkreisen weit voraus. Nichts geschah.

Funkmeßanlagen (Radar): Bei Kriegsausbruch 1939 verfügte Deutschland über zwei brauchbare Geräte: »Freya« für 2,4-m-Wellenlänge und »Würzburg« für 50-cm-Wellenlänge. Das Deutsche Reich war auf diesem Gebiet führend in der Welt. Das sollte sich ändern. Bereits im Herbst 1939 konstruierten die Briten ein 12-m-Wellenlängengerät und konzentrierten dann ihre Versuche auf die Zentimeterwellen. Ab 1943 führten sie das 9-cm-Gerät ein, später bekannt als »Rotterdam«-Gerät. In Deutschland herrschte völlige Zersplitterung, anstatt daß man auf die Erfahrungen altbekannter Firmen auf diesem Gebiet zurückgriff, gründete man neue, und die Luftwaffe zog alles an sich. Noch 1942/43 wurde eine Entwicklung unter 20-cm-Wellenlänge für unmöglich gehalten, alle Forschungen auf diesem Wege aufgegeben. Erst nach Erbeutung des »Rotterdam«-Gerätes fing man erneut an, auf dem Feld unter 20-cm-Welle zu forschen. Keines der dann entwickelten Geräte kam noch richtig zum Tragen, Deutschland hatte den Anschluß verpaßt.«

Diese wenigen Anmerkungen in der Schlußbetrachtung mögen genügen, den deutschen Kriegsschiffbau kritischer zu betrachten, als es immer noch oft geschieht. *Die beiden Einheiten der BISMARCK-Klasse waren bei Fertigstellung tatsächlich die Krönung des Großkampfschiffbaues — und doch schon überholt.* Sie waren kampfkräftige und standfeste Schiffe, unsinkbar waren sie nicht. In ihrer vollendeten Form und ihrer Ästhetik waren sie der krönende Abschluß damaliger deutscher Kriegsschiffbaukunst.
Die Vernichtung des damals größten Kriegsschiffes der Welt, des Schlachtkreuzers HOOD, durch die BISMARCK legte ein eindrucksvolles Zeugnis von der hervorragenden Schießausbildung der deutschen Marine ab. Bei diesem Erfolg muß aber auch berücksichtigt werden, daß er gegen ein Weltkrieg-I-Kriegsschiff (inzwischen zwar modernisiert, aber in seinen Grundstrukturen nicht änderbar) errungen wurde, das 22 Jahre älter als die BISMARCK war.

Der Namensgeber: GROSSADMIRAL ALFRED VON TIRPITZ.

Am 19. März 1849 in Küstrin geboren, legte er am 1. April 1865 in Berlin die Seekadettenprüfung ab (Crew 65) und trat am 24. Juni 1869 in die Preußische Marine ein. Am 22. September 1869 erfolgte die Beförderung zum Leutnant zur See.
Von 1877 bis 1889 war er maßgeblich am Aufbau der Torpedowaffe beteiligt, gehörte zwar zur Admiralität, war aber zugleich Mitglied der Torpedoversuchs- und -prüfungskommission, dabei zeitweise Kommandant des Avisos und Torpedoschiffs ZIETEN sowie Erster Offizier und dann Kommandant der Gedeckten Korvette (zugleich Torpedoversuchsschiff) BLÜCHER (1877 - 1885).
Am 17. September 1881 vorzeitig zum Korvettenkapitän befördert, war er von Januar 1885 bis März 1886 Dezernent für Torpedoangelegenheiten bei der Admiralität, anschließend von April 1886 bis April 1889 erster Inspekteur des Torpedowesens. Von 1885 bis 1887 war er zugleich Chef der Torpedobootsflottille. Am 24. November 1888 wurde er zum Kapitän zur See befördert.
Von April 1889 bis Mai 1890 war er Kommandant des Panzerschiffes PREUSSEN, von Mai bis September 1890 führte er das Panzerschiff WÜRTTEMBERG. Weitere Stationen waren: Chef des Stabes der Marinestation der Ostsee von Januar 1891 bis Januar 1892, Chef des Stabes beim Oberkommando der Marine von Januar 1892 bis September 1895 und Chef der ostasiatischen Kreuzerdivision von Juni 1896 bis April 1897. Während seiner Zeit als Chef des Stabes bei der Marinestation der Ostsee war er zugleich auch Chef des Stabes der jährlich zusammengestellten »Herbstübungsflotte«. Hierbei erarbeitete er mit Unterstützung des Kommandierenden Admirals, Freiherr von der Goltz, die Grundlagen der taktischen Verwendung und den Einsatz der Flotte, später bekannt als »Dienstschrift IX«. Am 13. Mai 1895 wurde Tirpitz zum Konteradmiral befördert.
Im Juni 1897 wurde Alfred von Tirpitz Staatssekretär des Reichsmarineamtes. Dieses Amt bekleidete er bis März 1916. Mit dem 28. März 1898 wurde er auch preußischer Staatsminister, am 5. Dezember 1899 folgte die Beförderung zum Vizeadmiral. Mit dem 12. Juni 1903 wurde er Admiral. Die Ernennung zum Großadmiral erfolgte am 27. November 1911.
Als von Tirpitz am 15. März 1916 in den Ruhestand versetzt wurde, war er Träger des Schwarzen Adlerordens (verliehen am 27. Januar 1907) und des Pour le Mérite (verliehen am 10. August 1915).
Der Großadmiral starb am 6. März 1930 in Ebenhausen.

Die deutsche Flotte bei Beginn des Ersten Weltkrieges war das Lebenswerk des Großadmirals von Tirpitz.
Den Auffassungen seiner Zeit (und das sollte bei heutigen Urteilen nie vergessen werden) entsprach auch Tirpitz' Überlegung, daß das neue, technisch und wirtschaftlich florierende und expandierende Deutsche Reich einer großen Flotte bedürfe. In diesen Gedankengängen befand sich Tirpitz in voller Übereinstimmung mit Kaiser Wilhelm II.
Der Erwerb von Kolonien, von Bismarck einst nicht gewünscht, bedingte nach damaliger Auffassung auch den Besitz von Stützpunkten für Streitkräfte: Schutz der Kolonien und das »Zeigen der Flagge« in aller Welt, das entsprach dem imperialen Denken Wilhelms II. und dem des späteren Großadmirals.
Natürlich wußten Tirpitz, und sicherlich auch Wilhelm II., daß ein Einholen der Flottenstärke Englands kaum möglich sein dürfte. Aber: Die deutsche Flotte sollte immerhin so stark sein, daß es für England ein Risiko bedeuten würde, sich auf einen bewaffneten Konflikt mit Deutschland einzulassen. Dieser Risiko-Gedanke von Tirpitz gab dann später im »Jargon der Historiker« der deutschen Hochseeflotte die Bezeichnung der »Risikoflotte«. Daß England aber schon diese deutsche Flotte als Bedrohung ansehen mußte, dieser Gedanke hat jedenfalls das deutsche Handeln nicht beeinflußt.
Zeigt schon der Eintritt Englands in den Ersten Weltkrieg auf seiten der Gegner Deutschlands, daß England — entgegen den deutschen Auffassungen — das Risiko doch einging, so erwies sich mit der zum deutschen Sieg hochstilisierten Skagerrak-Schlacht (Mai/Juni) 1916) — trotz deutscher taktischer Erfolge und trotz eines hervorragenden deutschen Ausbildungsstandes —, daß England diese Schlacht operativ/strategisch gewonnen hatte. Die deutsche Hochseeflotte, die eben die für Deutschland gegebenen geographischen Bedingungen (Nasses Dreieck) nicht ändern konnte, dümpelte seit dieser Schlacht — äußerlich ruhig, innerlich aber verfaulend bis zur Revolte, aus der sich die Revolution entwickelte — in ihren Heimathäfen still vor sich hin. Das hat Tirpitz nicht gewollt, immer wieder wollte er »mit der Flotte« schlagen. Sein Kaiser aber wollte dies nicht. Und so mußte der Großadmiral gehen ...
Die Engländer ihrerseits aber kamen nicht ins »Nasse Dreieck« — sie blockierten Deutschland, und sie hatten den Enderfolg.
Der Großadmiral hatte in kurzer Zeit ein durchaus in Grenzen brauchbares Instrument geschaffen: Daß aber die politischen Gesamtvoraussetzungen hierfür nicht zutreffend gewesen waren, das sollte man weniger ihm, sondern hauptsächlich dem politisch letztlich Gesamtverantwortlichen, Kaiser Wilhelm II., anlasten.
Die falsche Einschätzung Englands, der Irrglaube mit einer eben weit die deutsche Kraft übersteigenden Flotte (die berühmte »Z-Flotte« der Deutschen Wehrmacht), »Weltmacht auch zur See« werden zu können, erwies sich im Zweiten Weltkrieg als tragische Parallele zum Ersten Weltkrieg.

Blick auf die Helling 2, die ersten Kielplatten sind gelegt.

Die Helling 2 aus der Vogelperspektive. Wie eine Wand erheben sich die Stellagen am entstehenden Schiffskörper. Links davon die Helling 1 mit einem davorliegenden Hilfsschiff und die Trockendocks II und III, in ersterem liegt ein Zerstörer.

Blick von schräg oben auf den Neubau »G« nach achtern. Gut erkennbar, die erhöhte Barbette des Turms C und die seitlichen Barbetten der 15-cm-Türme. Zwischen den Kränen liegt das alte Linienschiff HANNOVER.

Eine Aufnahme aus den Jahren 1946/47 zeigt den inmitten der Demontage und Zerstörung der Kriegsmarinewerft noch erhalten gebliebenen Unterbau der verstärkten und verlängerten Helling 2, die selbst bereits zugeschüttet worden ist. Die sich dahinter erstreckende Schiffbauhalle blieb stehen und gehört zum heutigen Marinearsenal.

Nochmals ein Blick auf den Unterbau der verlängerten Helling 2, gut sichtbar die Führung der Verstärkung, erkennbar an der hellen Hauswand an der Stirnseite der Halle.

31. März 1939, Rathausplatz Wilhelmshaven. Fahnen- und Standartenformationen der Partei üben den Aufmarsch für den folgenden Tag.

Und so bot sich der Rathausplatz am 1. April 1939 dar. Im Anschluß an den Stapellauf hielt Hitler hier eine Rede.

Adolf Hitler spricht. Er steht hier erstmals an einem mit Panzerglas gesicherten Pult. Vielfach wird publiziert, daß er anläßlich dieser Rede den deutsch-englischen Flottenvertrag aufkündigte. Das ist falsch. Das geschah erst am 23. April.

Ein Blick von außen. Wuchtig erhebt sich der Vorsteven mit der Bugspitze gen Himmel, und es scheint, als ob er das Dach der Schiffbauhalle überragt. Die Höhe der Halle und auch die der Wohnhäuser der gegenüberliegenden Straßenseite (die noch heute stehen) geben zugleich einen guten Vergleich zur Größe des Schiffes.

Die Taufpatin, Frau von Hassell, mit der obligatorischen Sektflasche im Arm.

Der Staatsakt nimmt seinen Lauf. Mit der schräg nach unten verlaufenden dünnen Leine wird das Schiffswappen enthüllt, auf der unteren Plattform die zahlreich geladenen Ehrengäste, auf der Taufkanzel Hitler mit engerem Gefolge.

Ein Blick von achtern vermittelt einen Eindruck von der großen Breite: 36 Meter.

Über die Toppen provisorisch gesetzter Masten geflaggt, läuft die TIRPITZ von der Helling ab.

Langsam, dann immer schneller gleitet das Schiff in sein neues Element. Besondere Beachtung verdienen die großen Bremsschilde an der Backbordseite, die kleineren dahinter und der große Drehanker.

Nach dem Aufschwimmen wird der Schiffskörper sofort von zahlreichen Schleppern wahrgenommen, die den Ablauf mit abfangen und ihn an seinen Liegeplatz bringen. Gut sichtbar die vier Ablaufbahnen auf der Helling, die wegen der großen Breite erforderlich waren.

Die Schlepper haben das hoch aus dem Wasser ragende Schiff abgefangen und beginnen langsam mit dem Drehen. Gut sichtbar die beiden Stoppanker vorn am Bug, deren Ketten steif sind.

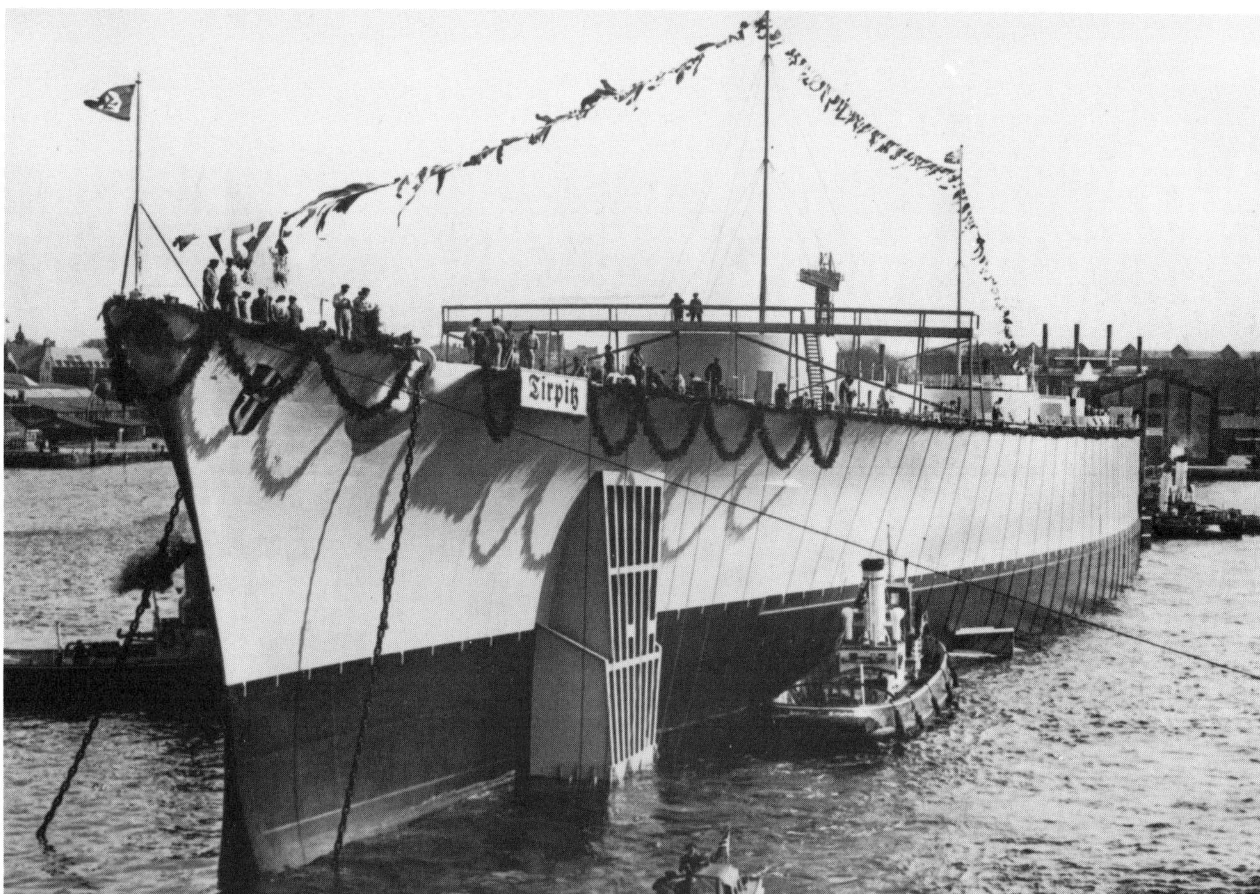

Ein Blick aus der Vogelperspektive auf den Bauhafen, dessen Abmessungen im Vergleich zum Schiff gut abzuschätzen sind. Im Dock IV liegt das alte Linienschiff SCHLESWIG-HOLSTEIN.

Die TIRPITZ in der Ausrüstung. Sie liegt an der Südkaje der Werft, ein Blick durch den in die Werft führenden Hafenkanal. Vor dem Schiff der große Schwimmkran »Langer Heinrich«.

Von Beginn des Zweiten Weltkrieges an waren die Briten bemüht, anfangs durch Aufklärungsflugzeuge Erkenntnisse zu gewinnen, später durch Bombenangriffe die Aktivitäten der Werft einzudämmen.
Dieses Foto vom 30. August 1940 zeigt im unteren Teil den Bauhafen mit der TIRPITZ an der Südkaje und im rechten Winkel dazu an der Ostkaje den Schweren Kreuzer ADMIRAL HIPPER. Im rechten oberen Teil sind die Baustelle der neuen IV. Einfahrt mit den beiden Kammern sowie schräg links davon die Baustelle der geplanten Nordwerft mit den großen Trockendocks VII, VIII und IX gut auszumachen.

Blick von Norden her in den Bauhafen. Vorne das Minenschiff COBRA, im Hintergrund, immer noch an der Südkaje, der Schiffskörper der TIRPITZ in der Ausrüstung. Eine Aufnahme vom Winter 1939/40.

Die Ausrüstung. Hier wird der Schornsteinmantel aufgesetzt. Die Plattform nahm später Scheinwerfer auf. Vorne im Bild ist die Barbette eines der 38-cm-Türme sichtbar.

Am 2. Februar 1940 bot der Blick entlang des Hafenkanals dieses Bild: vor der TIRPITZ die Fußgänger-Schiebebrücke für das Werftpersonal, dahinter die TIRPITZ, hier schon mit der montierten Röhre des Turmmastes und dem Brückenunterbau, längsseits der Schwimmkran »Langer Heinrich«, auf der Pier Montagekräne.

Die Ausrüstung macht Fortschritte. Ein Blick auf die Steuerbordseite und nach achtern. Rechts erheben sich die Seitenwände des Steuerbordhangars, links daneben und weiter achtern stehen zwei der 15-cm-Türme, ganz achtern sieht man die Barbetten der 38-cm-Türme. In der Mitte des Schiffskörpers befinden sich zahlreiche Abdeckungen auf Öffnungen, durch die Anlageteile, wie die Maschinenanlage, ins Innere befördert werden.
Im Hintergrund die Trockendocks I - III, rechts daneben erheben sich auf der Helling I Stellagen, offenbar sind sie für den begonnenen Leichten Kreuzer »N«, dessen Weiterbau kurz nach Kriegsausbruch gestoppt wurde.

Die Ausrüstung schreitet fort, der Turmmast hat bereits zahlreiche Plattformen, die Türme der MA sind aufgestellt.

Einsetzen der 38-cm-Geschütze.

Eines der gewaltigen 38-cm-Geschütze vor dem Einbau.

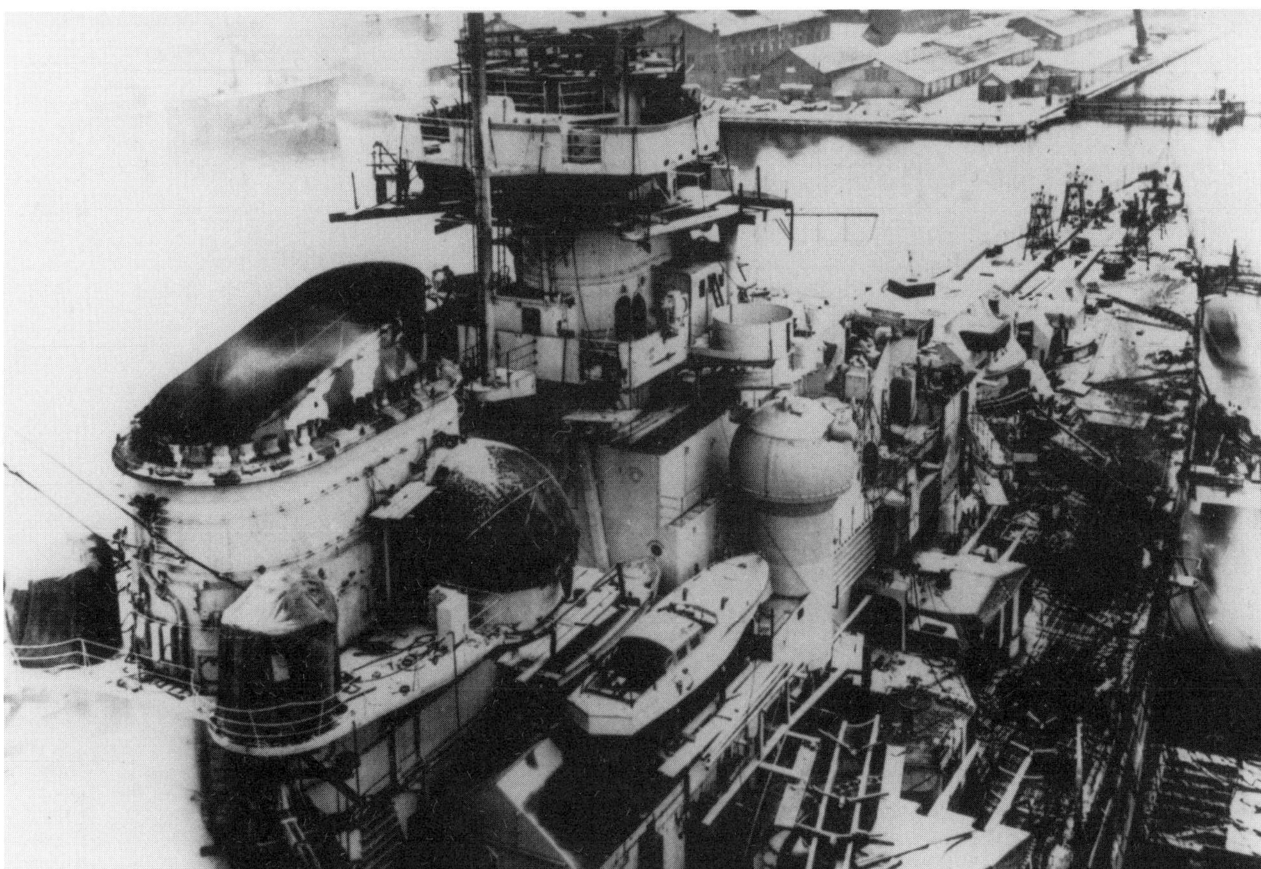

Ein Blick aus der Vogelperspektive. Die Turmmast-/Schornstein-Gruppe ist nahezu fertig, einige Beiboote sind bereits gestaut, die Scheinwerfer auf der Schornsteinplattform aufgestellt und mit Planen bezogen, die beiden vorderen Flak-Leitstände desgleichen eingebaut. Die Türme der SA sind komplett, und auch die MA und 10,5-cm-Flak stehen. Die Aufnahme stammt aus dem Winter 1940/41.

Das fast fertige Schiff aus anderer Sicht. Hier hat man einen Tarnanstrich aufgebracht: angedeutete Baracken, bei denen sogar die Fenster nicht vergessen wurden.

Ein Blick aus anderer Perspektive auf das sich in der Endausrüstung befindende Schiff.

Vor der Indienststellung verholte die TIRPITZ nochmals ins Dock, um den aufgrund der langen Liegezeit im Brackwasser des Hafens entstandenen Bewuchs am Unterwasserschiff zu beseitigen und einen letzten Anstrich aufzutragen. Die Besatzung befindet sich bereits an Bord.

Die TIRPITZ passiert die Kaiser-Wilhelm-Brücke, das Wahrzeichen Wilhelmshavens.

Die TIRPITZ im 40 000-t-Schwimmdock der Kriegsmarinewerft Wilhelmshaven.

Wilhelmshaven, 25. Februar 1941. Indienststellung des Schlachtschiffes TIRPITZ. Der Kommandant, KptzS Topp, begrüßt Abordnungen der am Bau beteiligten Werftangehörigen und bedankt sich. Wetterlage: kalt, windig, Schneetreiben.

Der Kommandant betritt das Schiff, der Erste Offizier, FKpt Düwel, meldet ihm die Besatzung.

Die unter präsentiertem Gewehr, mit Trommler und Hornist angetretene Ehrenwache.

Das Offizierkorps des Schiffes.

Blick auf das Backbordvorschiff mit der divisionsweise angetretenen Besatzung. Vor dem hinteren Wellenbrecher ist eine 2-cm-Flak erkennbar.

Blick auf das Achterdeck. Die Besatzung ist zur Flaggenhissung angetreten. Hinter dem Heck das Trockendock I.

Ein Blick von achtern nach vorn auf die angetretene Besatzung.

»Heiß Flagge und Wimpel!« — Die Indienststellung.

Der Kommandant grüßt die Flagge, die Ehrenwache präsentiert, die Nationalhymne erklingt, das Schiff ist in Dienst gestellt.

Schon wenige Tage nach der Indienststellung, nach Abschluß erster Maschinenerprobungen und Standproben, verläßt die TIRPITZ Wilhelmshaven, um nie wiederzukehren. Assistiert von mehreren Schleppern ist sie hier auf dem Weg in die III. Einfahrt, die sie mit viel Können von seiten der Schiffsführung und Schlepperhilfe passiert. Das Schiff ist noch nicht voll ausgerüstet, unter anderem fehlt noch die gesamte Feuerleitanlage der SA sowie andere Einrichtungen, so daß sie gerade eben noch die Schleusenkammer passieren kann. Es ging auch nur durch die Nordkammerschleuse. Sie war 250 m lang und 40 m breit. Ihre Wassertiefe bei normalem Hochwasserstand betrug 11 m und reichte gerade aus.

Die TIRPITZ in Kiel. Hier erfolgten weitere Ausrüstungen. Die Aufnahme zeigt sie an der langgezogenen Brücke des dortigen Marinearsenals.

Eine Aufnahme von Backbord. Das Schiff ist bereits mit Tarnnetzen überzogen, um Aufklärern die genaue Identifizierung zu erschweren. Die großen EMeßGeräte sind nun eingebaut.

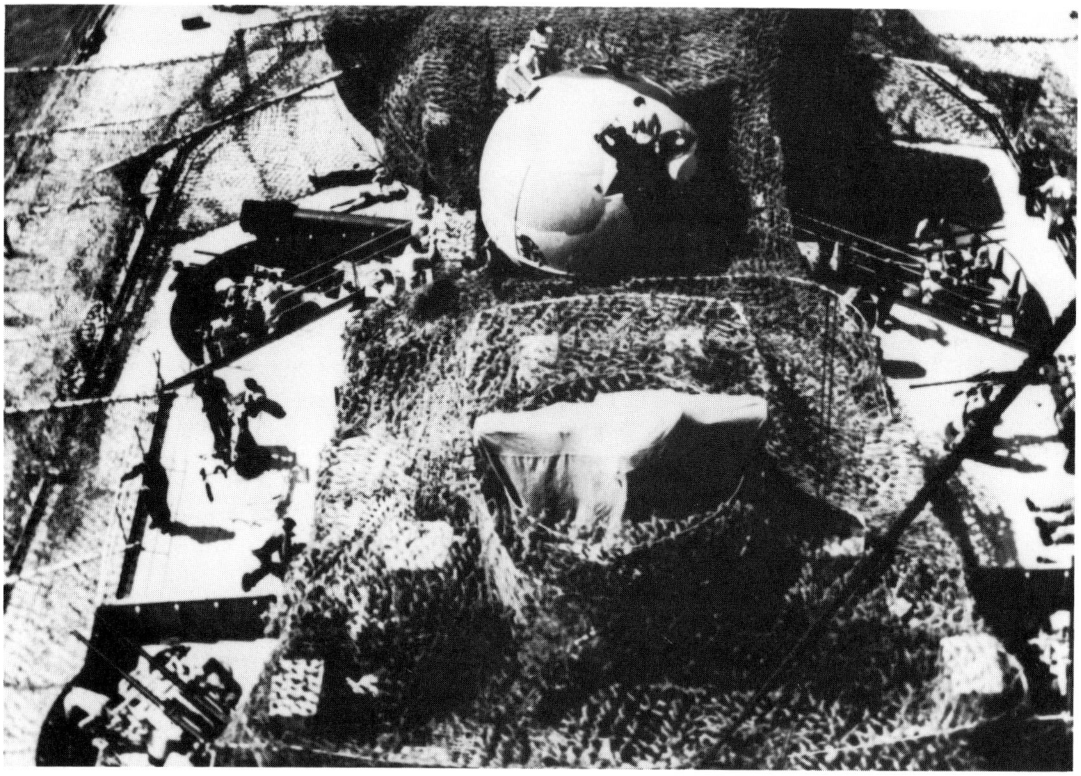

Ein Blick von oben auf den achteren Flakleitstand und den mit einer Plane bezogenen achteren Kommandostand. Die Tarnnetze decken andere Aufbauten ab, die erkennbare 2-cm- und 3,7-cm-Flak ist hingegen einsatzbereit.

Außer den EMeßGeräten erhielt das Schiff auch die matratzenartigen Antennen der Funkmeßanlagen eingebaut, hier sichtbar am Kommandostand Brücke und nach Backbord gedreht am Artillerieleitstand im Vormars. Sie sitzen jeweils an der Vorkante der Drehhauben der EMeßGeräte und sind vom Typ FuMO 23.

Abschließende Ausrüstungsarbeiten wurden später in Gotenhafen durchgeführt. Hier liegt die TIRPITZ in einem der zahlreichen großen Hafenbecken an der Pier, der erste Tarnanstrich (siehe Seite 86) ist einem einheitlichen Grau gewichen.

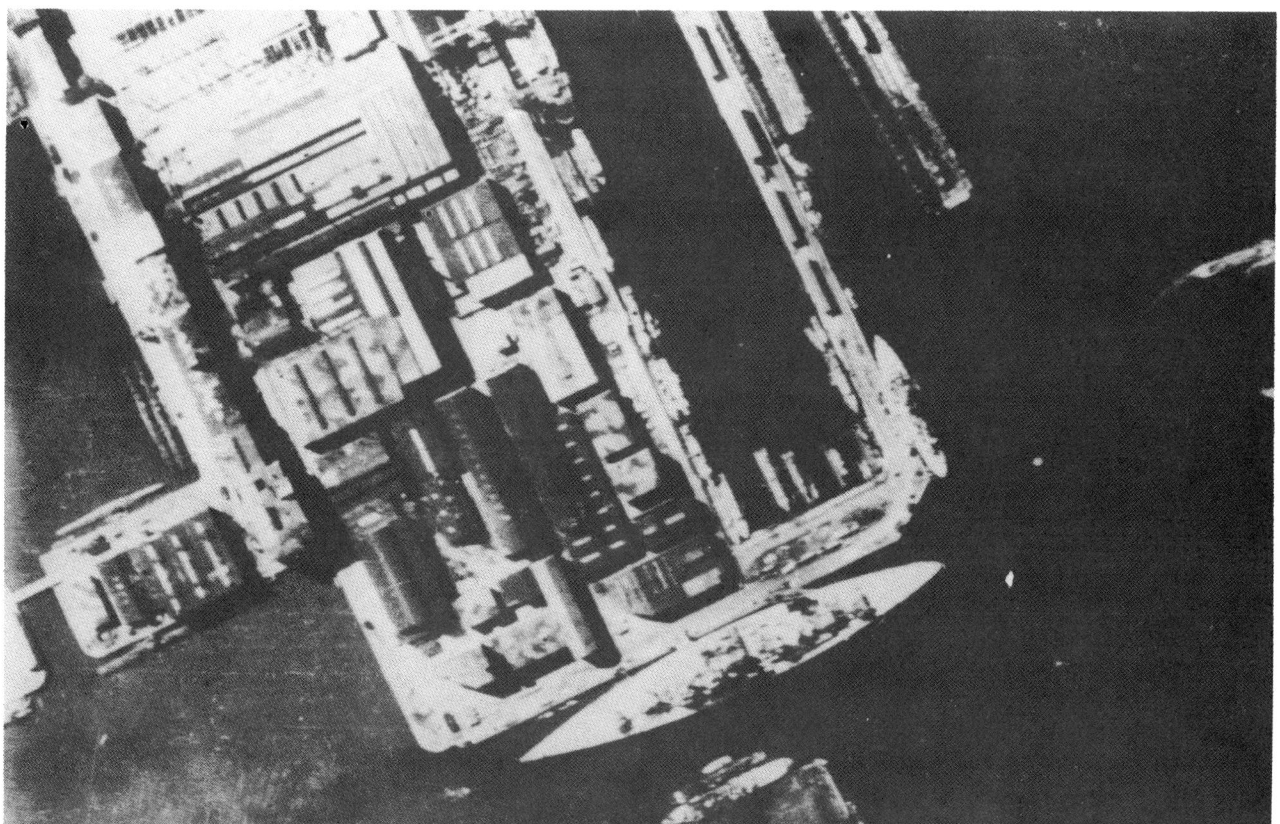

Auch in Gotenhafen entging das Schiff der gezielten britischen Aufklärung nicht. Dieses Foto eines britischen Langstreckenaufklärers zeigt die TIRPITZ in Gotenhafen an der Pier. Rechts oben zwei Schwimmdocks, von denen eines belegt ist, im inneren Becken zahlreiche Boote und Schiffe. Links erkennt man drei U-Boote.

Am 5. Mai 1941 kam Hitler überraschend nach Gotenhafen und besichtigte die beiden Schlachtschiffe BISMARCK, auf der Reede ankernd, und TIRPITZ, im Hafen an der Pier. Die Aufnahme zeigt ihn beim Verlassen der TIRPITZ, an Oberdeck angetreten die Ehrenwache mit präsentiertem Gewehr, der Trommler und der Hornist, außerdem zahlreiche Offiziere.

Verabschiedung Hitlers durch den Flottenchef, Adm Lütjens, rechts neben ihm sein Chef des Stabes, KptzS Netzbandt. Anzumerken ist, daß der hohe Besuch ohne die Begleitung des ObdM, Großadmiral Raeder, erfolgte und daß Adm Lütjens, und mit ihm der gesamte Flottenstab, nur drei Wochen später beim Untergang der BISMARCK den Seemannstod fand (links).

Der Kommandant der TIRPITZ, KptzS Topp, mit seinem Ersten Offizier, FKpt Paul Friedrich Düwel (rechts).

Ausbildungs- und Erprobungswochen in der Ostsee. Hier die TIRPITZ im Herbst 1941 beim Kaliberschießen. Die Aufnahme zeigt eine Vollsalve der beiden vorderen Türme der SA.

Eine Nahaufnahme aus dieser Zeit, Turm C hat gefeuert.

Ostsee, Herbst 1941. Die Aufnahme der TIRPITZ, aus achterlicher Sicht mit dem Teleobjektiv geschossen, vermittelt einen imposanten Eindruck ihrer Größe.

Blick von der Brücke auf das Vorschiff. Turm A ist nach Steuerbord geschwenkt, Turm B befindet sich in Ruhestellung. Besonders zu beachten die 2-cm-Flak auf einer der Brückenplattformen und den gepanzerten Kommandostand auf dem Brückenvorbau mit der ebenfalls nach Steuerbord geschwenkten Drehhaube mit dem 7-m-Basisgerät und der FuMO 23-Antenne.

Geschützreinigen nach beendetem Schießen. Hier wird das rechte Rohr des Turms B gereinigt. Die Anzahl der damit beschäftigten Männer läßt die Schwere dieser Arbeit ahnen.

Blick in das 38-cm-Rohr von Turm D. Gut erkennbar die eingearbeiteten Züge, die den Geschossen den erforderlichen Drall verleihen.

Blick auf das Vorschiff. Turm A ist nach Steuerbord, Turm B nach Backbord geschwenkt. Beachte das fehlende 10,5-m-Basisgerät am Turm A.

Seite 103 (unten):
Ein Blick auf die Turmmast-Schornsteingruppe (Aufnahme von 1942). Auf dem Vormars nun zusätzlich mit weiterem Beobachterstand an der Drehhaube außer dem FuMO 23 eine Matratze für das FuMO 27 (hier nach Backbord gedreht). Des weiteren sichtbar zwei 10,5-cm-Doppelflak und zwei 15-cm-Türme, der linke mit dem 6,5-m-Basisgerät. Die Drehhaube des Kommandostandes mit dem FuMO 23 ist nach Steuerbord geschwenkt, der Kran befindet sich in Ruhestellung, die Boote sind gezurrt und abgedeckt. Auf dem Katapult steht eines der Ar 196-Bordflugzeuge. Die Scheinwerfer auf der Schornsteinplattform sind noch an Bord.

Begegnung mit einem U-Boot vom Typ II. Gut erkennbar der Backbordkran und eine der 10,5-cm-Doppelflak. Schräg unter dieser der mittlere 15-cm-Turm (Bb II) mit seinem 6,5-m-Basisgerät.

Ausbildung in der Ostsee 1941, ein U-Boot des Typs VII C kommt längsseits. Der Größenunterschied ist gewaltig, und doch konnte so ein kleines Boot einem Riesen wie der TIRPITZ gefährlich werden.

Blick vom Vormars nach achtern. Vorne der Schornstein, hinter diesem der pfahlartige Großmast, dahinter der achtere Flakleitstand. Der Steuerbordkran ist nach achtern gedreht, die Türme C und D sind nach Steuerbord bzw. Backbord geschwenkt, erkennbar auch die 10,5-cm-Doppelflak backbord und der achtere 15-cm-Turm Bb III.

September 1941 in der Ostsee: Teile der sogenannten »Baltenflotte« auf dem Marsch. Von links: Schlachtschiff TIRPITZ, im Kielwasser folgend Schwerer Kreuzer ADMIRAL SCHEER, Leichter Kreuzer KÖLN, Leichter Kreuzer NÜRNBERG und die Zerstörer Z 27 und Z 26. Aufgenommen vom Zerstörer Z 25.

Im Januar 1942 verlegte die TIRPITZ durch den Kaiser-Wilhelm-Kanal kurz auf Wilhelmshaven-Reede, um dann den Marsch nach Norwegen anzutreten. Die Aufnahme zeigt sie bei der Passage des Kanals.

Die TIRPITZ mit Assistenz von Schleppern bei der Passage des Kaiser-Wilhelm-Kanals.

Die TIRPITZ in Norwegen. Hier im Februar/März 1942 im Faettenfjord bei Drontheim. Längsseits zahlreiche Versorger und ein größeres Schiff, offensichtlich ein Werkstattschiff.

Tarnung ist alles. Blick auf die Back mit den mit Netzen abgedeckten Türmen A und B. Auf der Back befinden sich zahlreiche »angepflanzte« Tannenbäume.

Liegeplatz Faettenfjord aus anderer Sicht. Das Schiff befindet sich jetzt in einem Netzkasten. Dieser Anblick bot sich — auch vom anderen Ufer — ebenfalls den zahlreichen Agenten, so daß der gegnerische Aufklärungsdienst stets im Bilde war.

9. März 1942. Die TIRPITZ in die Gewässer der Lofoten einlaufend. Nach Abbruch des Unternehmens »Sportpalast« kehrte sie, trotz zahlreicher Angriffe britischer Torpedoflugzeuge, unbeschadet zurück. Zunächst ging sie im Ofotfjord/Westfjord vor Anker.

Die TIRPITZ läuft hohe Fahrt und weicht mit Hartruderlagen den auf sie abgeworfenen Lufttorpedos aus. Zwei Torpedolaufbahnen sind deutlich auszumachen, sie kreuzen das Kielwasser: Mitte rechts und Mitte links.

Ein Blick über den vorderen Wellenbrecher und die beiden Ankerspills auf die Bergkette der Lofoten, eine Aufnahme vom März 1942.

Die TIRPITZ zurück im Faettenfjord. Der Zeitpunkt der Aufnahme liegt zwischen April und Juni 1942. Während dieser Liegezeit wurde auf dem Turm B und dem Brückenvorbau je eine 2-cm-Vierlingslafette montiert.

30. Mai 1942. Der ObdM, Großadmiral Raeder, besucht und besichtigt die TIRPITZ. In seiner Begleitung der Flottenchef, Adm Schniewind (direkt hinter ihm), dahinter VAdm Kummetz. Rechts hinter Raeder der Kommandant, KptzS Topp.

Frühsommer 1942, die TIRPITZ im Faettenfjord. Der Netzkasten ist geöffnet. Gut zu erkennen die inzwischen aufgestellten beiden 2-cm-Vierlinge.

Juli 1942. Unternehmen »Rösselsprung«. Die deutschen Einheiten versammeln sich im Altafjord, um von hier aus gegen den alliierten Geleitzugverkehr zu operieren. Die Aufnahme zeigt eine der beiden Kampfgruppen auf dem Marsch, vorne die TIRPITZ, im Kielwasser die Schweren Kreuzer ADMIRAL HIPPER und ADMIRAL SCHEER.

Sammeln der Kampfgruppen. Links der Schwere Kreuzer ADMIRAL HIPPER, rechts die TIRPITZ, davor zwei Zerstörer.

4. Juli 1942. Die Kampfgruppen auf dem Marsch. Blick von der TIRPITZ auf den vorausfahrenden Schweren Kreuzer ADMIRAL HIPPER.

Die Kampfgruppen auf dem Marsch. Blick von der TIRPITZ auf die im Kielwasser folgenden Torpedoboote T 7 und T 15 sowie den Schweren Kreuzer ADMIRAL HIPPER.

Nummernwechsel. Hinter dem Heck der TIRPITZ passieren der Zerstörer Z 25, ein Torpedoboot und ein weiterer Zerstörer, um im Verband ihre neue Station einzunehmen.

Zwei Aufnahmen der TIRPITZ im Altafjord. Beide Bilder sind in kurzem Abstand hintereinander geschossen. Sie demonstrieren, wie schnell sich die Wetterlage in diesem Gebiet ändern konnte, eine besondere Erschwernis für die Durchführung britischer Luftangriffe.

Die TIRPITZ im Sommer 1942 im Altafjord, offenbar wird hier gerade ein im Kielwasser folgender Zerstörer versorgt, wie die Schlauchverbindung Bug-Heck vermuten läßt.

Die TIRPITZ im Dezember 1942 im Altafjord.

Dezember 1942 im Altafjord, Blick von der Back auf die Turmbrücke und die beiden vorderen 38-cm-Türme. Beachte den geteilten Farbanstrich der beiden Türme.

Die TIRPITZ im Netzkasten, Liegeplatz Kaafjord (Aufnahme von 1942).

1. Februar 1943. Verabschiedung des ersten Kommandanten, KptzS Topp, der mit demselben Datum zum KAdm befördert wurde und — bereits in der neuen Uniform — die Front der angetretenen Besatzung abschreitet.

März 1942. Besuch des Befehlshabers Marinegruppenkommando Nord, Generaladmiral Carls. In seiner Begleitung der Flottenchef, Adm Schniewind, und der Oberwerftdirektor der Kriegsmarinewerft Drontheim, VAdm Eichel.

Die TIRPITZ im Netzkasten im Kaafjord.

Die TIRPITZ 1943 in der Bogenbucht nahe Narvik. Trotz ihrer Größe wirkt sie gegenüber den umliegenden Bergen klein.

September 1943. Unternehmen »Sizilien«, Einsatz einer starken deutschen Kampfgruppe gegen Spitzbergen. Über das Vorschiff der TIRPITZ hinweg sieht man das brennende Barentsburg.

Nach dem Einsatz: Besichtigung durch Adm Kummetz.

Im September 1943 gelang es den Briten mit einem Kleinst-U-Boot, die TIRPITZ ernsthaft zu beschädigen. Die Aufnahme zeigt ein »X-Craft« dieses Typs.

◁
38-cm-Kartuschen an Oberdeck. Im Gegensatz zu den Briten, die nach wie vor ihr Pulver in Seidenbeuteln verwandten, bevorzugte man in Deutschland stets Metallhülsen.

Die TIRPITZ im Winter 1943/44 im Kaafjord. Besonders zu beachten die auflösende Wirkung des Tarnanstrichs, der die Konturen des Schiffes fast völlig verwischt.

Die TIRPITZ zwischen Mai und August 1944, hier nochmals mit einem anderen Anstrich. Beachte das auf einem gleichzeitig erhöhten Podest des achteren Kommandostandes installierte »Würzburg«-Gerät.

Start eines der Bordflugzeuge vom Typ Arado Ar 196.

Blick aus der Vogelperspektive auf zwei 10,5-cm-Doppelflak und einen 15-cm-Turm (Stb II). Die Pinasse führt am Bug den Admiralsstander, was bedeutet, daß dieses Beiboot ausschließlich einem Admiral zur Verwendung vorbehalten ist. Im Vergleich mit einer weiter vorn befindlichen Aufnahme aus gleicher Sicht aus dem Jahre 1941 sind hier die Geschütze in den Tarnanstrich mit einbezogen.

Die Turmmastgruppe von Backbord achtern gesehen. Gut zu erkennen die nach achtern gedrehten beiden Drehhauben des Vormars mit dem 10,5-m-Basisgerät und den FuMO-Antennen 23 und 27, desgleichen die beiden vorderen Flakleitstände.

Eine Gegenlichtaufnahme von oben auf das Vorschiff mit den Türmen A und B sowie den beiden 2-cm-Vierlingen.

◁
Divisionsmusterung auf dem Vorschiff. Die Luftlage scheint ruhig zu sein, denn die beiden 2-cm-Vierlinge sind bezogen. Die Besatzung jedes Kriegsschiffes ist in Divisionen eingeteilt, deren Stärke und Zahl sich nach der Größe des Schiffes richtet. Auf kleinen Einheiten, bis etwa Zerstörergröße, gibt es meistens nur drei Divisionen, auf großen Einheiten jedoch mehr. Die TIRPITZ hatte 12 Divisionen mit jeweils zwischen 180 und 220 Mann. Unterteilung: 1. bis 4. Division = seemännisch, zugleich auch Personal für SA und MA; 5. und 6. Division = seemännisch, zugleich auch Personal für Flak; 7. Division = Funktionäre, wie Zimmerleute, Schreiberpersonal, Küchenpersonal, Schuhmacher und Schneider u. a. m.; 8. Division = Artilleriemechanikerpersonal; 9. Division = Navigation und Fernmeldewesen; 10. bis 12. Division = Schiffstechnik. Die Divisionen waren wiederum in drei Wachen unterteilt: Steuerbord 1, 3, 5 und Backbord 2, 4, 6, kenntlich an auf den Oberarm der Bekleidung aufgenähten farbigen Streifen.

Blick von der Back nach achtern auf die Türme A und B. Turm B ist nach Steuerbord gedreht, das FuMO 23 des Kommandostandes ebenfalls. Das im Vormars befindliche neue FuMO 26 zeigt nach Backbord (Aufnahme von 1944).

Eine der 2-cm-Vierlingsflak, von denen im Verlauf der Zeit zahlreiche aufgestellt wurden.

Die TIRPITZ im Sommer 1941 an der Pier, vor dem Schiff eine Gruppe von Offizieren, Portepeeunteroffizieren, Maaten und Mannschaften der Besatzung.

Morgenmusterung auf der Back. Meldung des ältesten Maaten einer Division an den Divisionsoffizier.

Norwegen, Frühjahr 1942. Gruppenaufnahme vor den Türmen A und B.

Norwegen, Frühjahr 1942. Die gesamte 8. Division ist hier versammelt.

Besatzungsmusterung auf der Schanz. Blick von Steuerbord vorn nach achtern. Die Aufnahme entstand vermutlich im Herbst 1942.

Zwei Aufnahmen der Portepeeunteroffiziersmesse Weihnachten 1942.

Die TIRPITZ 1944. Am Vormars die neue große Antenne des FuMO 26. Vermutlich werden hier Reparaturen vorangegangener Beschädigungen durchgeführt. Beachte das auf der Back als Fliegererkennungszeichen aufgemalte Hakenkreuz.

Das Portepeeunteroffizierkorps des Schiffes (Aufnahme vom Herbst 1941).

Blick in die Portepeeunteroffiziersmesse. Die Aufnahme gibt nur einen Teil der Messe wieder, verdeutlicht jedoch, daß bei der Einnahme der Mahlzeiten ziemlicher Betrieb herrschte — jedoch nur im Hafen oder bei normalem Dienstbetrieb. Während der Seefahrt befand sich ein Teil der Messeteilnehmer auf Wache, dann wurden die Essenszeiten in Törns durchgeführt.

Zwei Aufnahmen aus dem Schiffsinnern, hier E-Schaltzentralen — ein scheinbares Gewirr von Handrädern und Instrumenten.

Eine der zahlreichen Flakstellungen auf den den Liegeplatz des Schiffes umgebenden Hängen und Hügeln. Ein Teil der Besatzung hat sie während einer Wanderung besucht.

Die Kammer eines Portepeeunteroffiziers, hier die des E-Stabsobermaschinisten Schmolke.

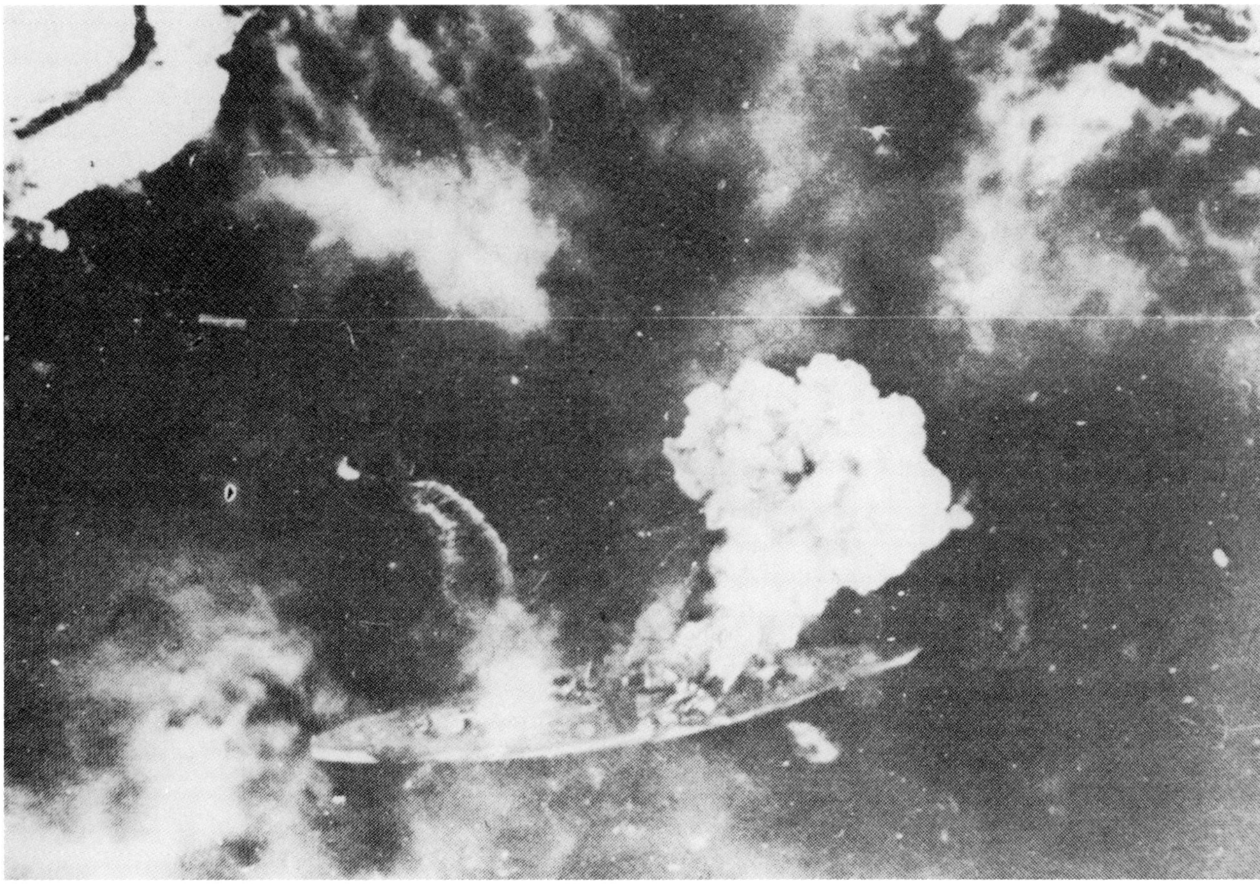

Mit dem Angriff vom 3. April 1944 wurde das Ende der TIRPITZ eingeläutet. Sie lag zu diesem Zeitpunkt im Altafjord. Die britische Luftaufnahme zeigt das Schiff im Bombenhagel, die Vernebelung ist nur unvollkommen.

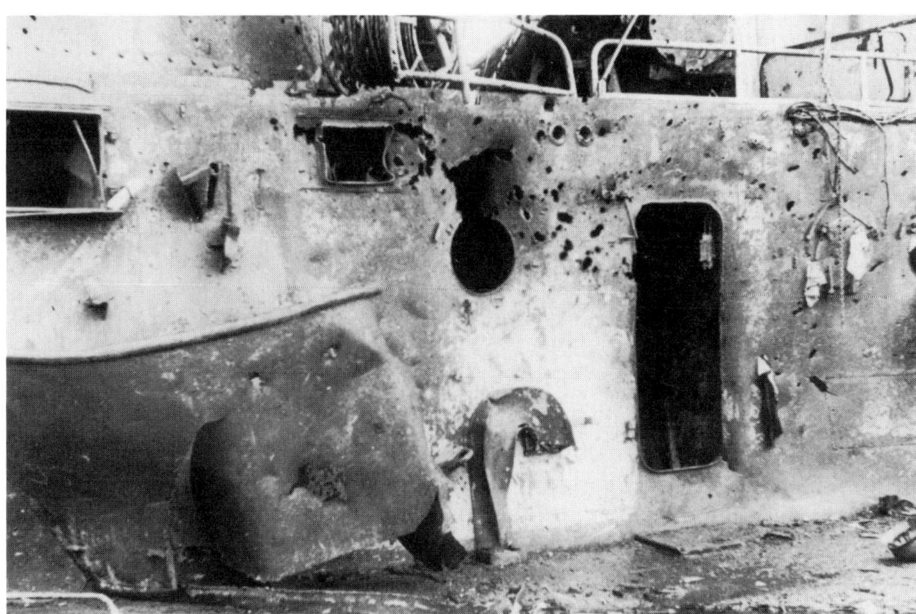

Die Schäden vom 3. April, aufgenommen am 15. April. Hier ein Blick auf die Aufbauten mit ausgebrannten Räumen und splitterdurchsiebten Wänden.

Die Aufnahme verdeutlicht die Schwere der Beschädigungen.

Eine der durch Trefferwirkung ausgefallenen 10,5-cm-Flak.

Blick von oben auf das Backbord-Aufbaudeck. Oben rechts die ausgefallene 10,5-cm-Doppelflak, vorne rechts der ausgefallene Kran, das Deck ist mit Trümmern übersät.

Ein weiterer Überblick nach Backbord achtern, Schornsteinmantel und Aufbauten zeigen deutliche Brandspuren, die Flak ist nicht mehr einsatzbereit.

Ein Blick in den zerstörten Hangar mit gleichfalls verbranntem Bordflugzeug.

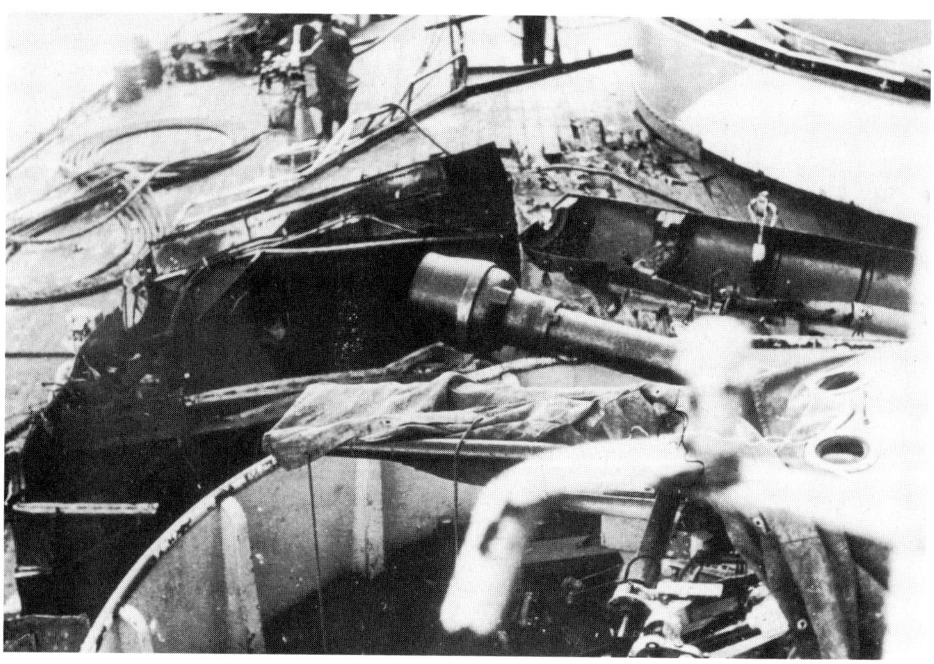

Zerstörte Aufbauten Backbord vorne in Höhe Brückenaufbau.

Aufgerissene Seitenwände am Aufbaudeck.

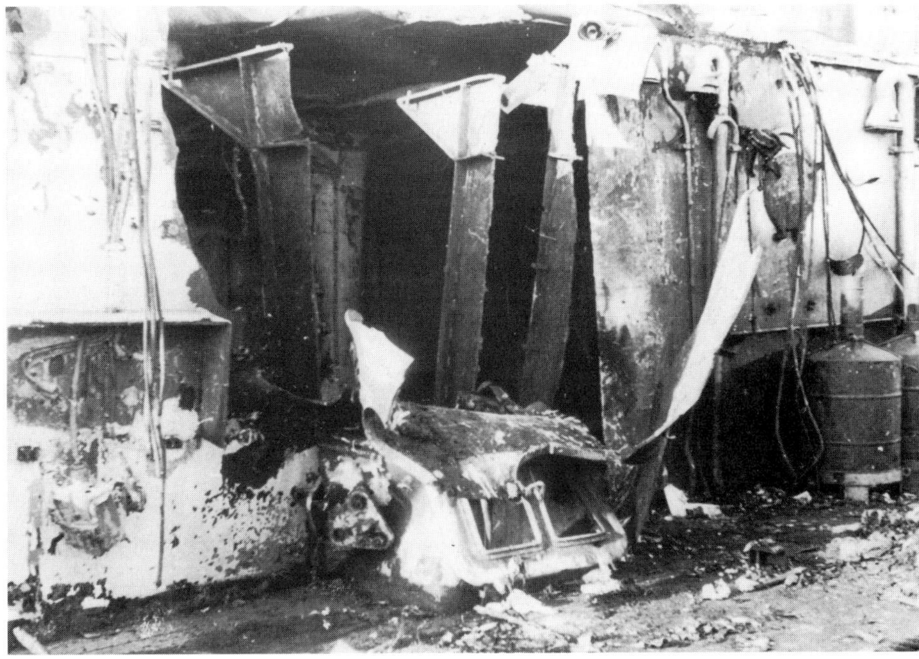

Beisetzung der Gefallenen des Angriffes, der insbesondere unter den Flakbedienungen hohe Verluste forderte.

Trauerfeier zur Beisetzung der Gefallenen.

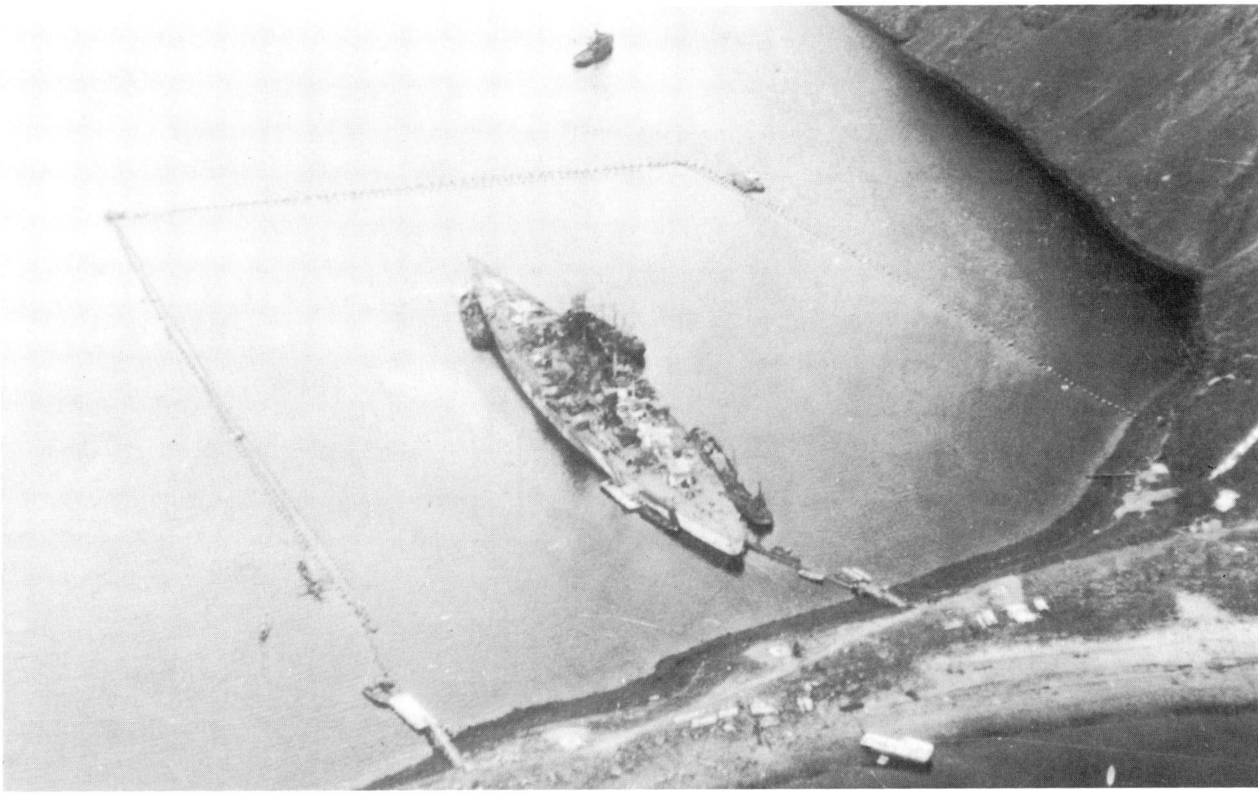

Die TIRPITZ am 2. Juni 1944 im Kaafjord im Netzkasten liegend.

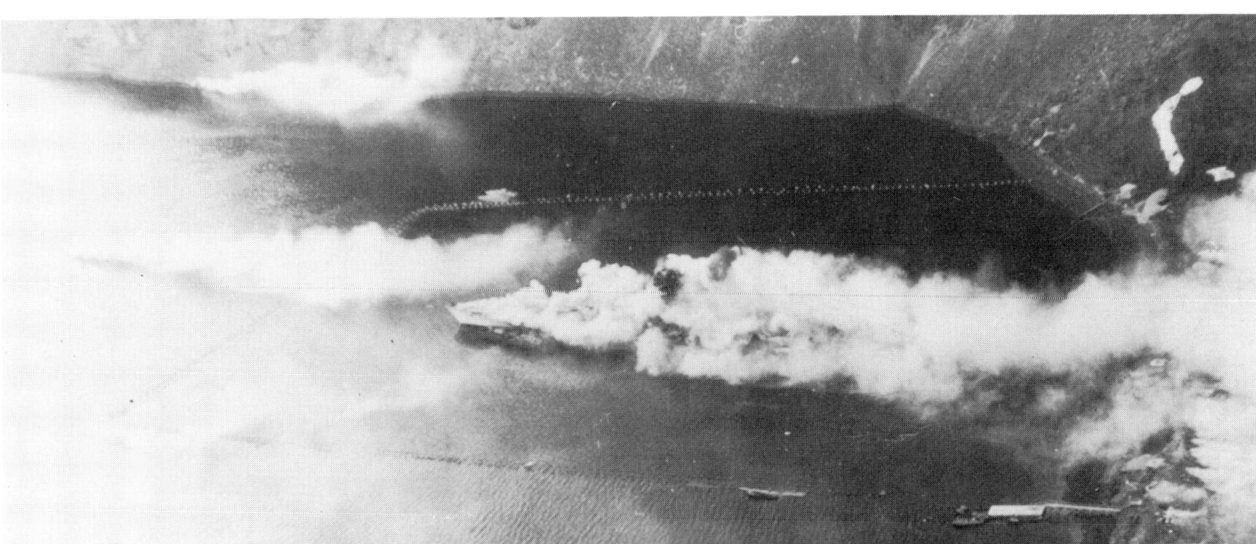

TIRPITZ im Kaafjord, das Schiff ist vorgewarnt. Die Aufnahme wurde um 06.32 Uhr morgens geschossen und zeigt die begonnene Vernebelung.

Die TIRPITZ im Kaafjord. Zu ihrem Schutz wurden zusätzlich die beiden Flakschiffe NYMPHE und THETIS in ihre Nähe gelegt, auf den umliegenden Bergen sind außerdem zahlreiche 4-cm- und 2-cm-Flakstellungen sowie auch Raketenabwehrgeräte installiert worden.

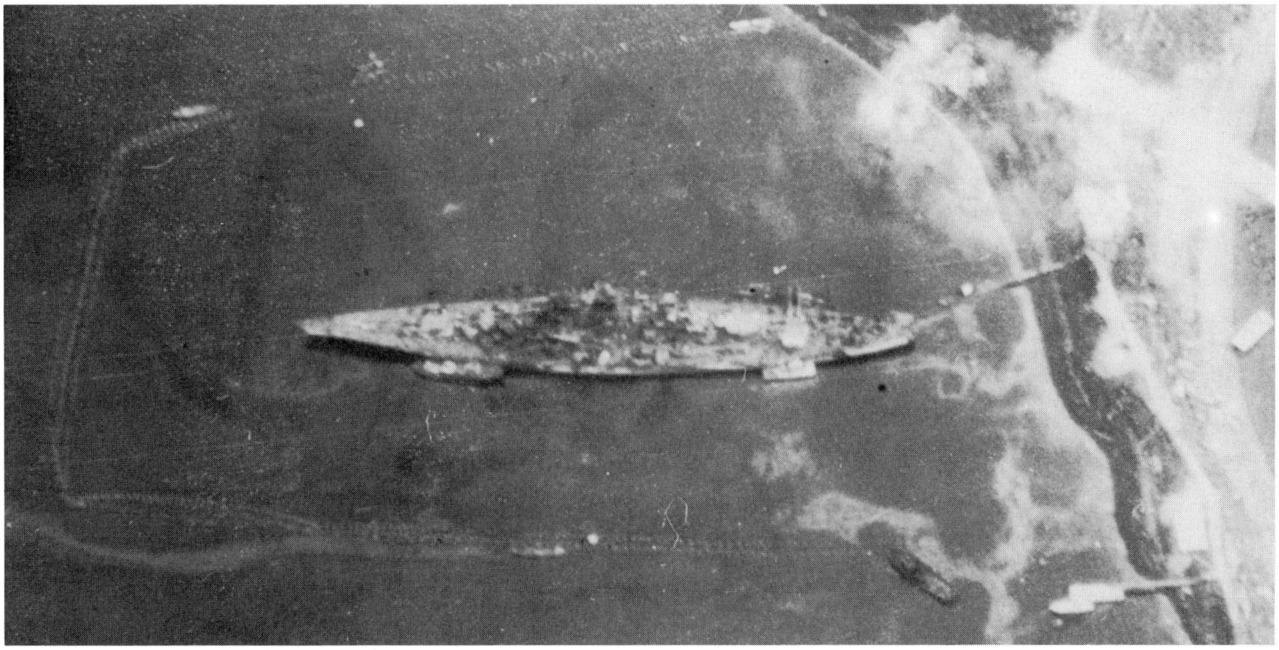

Eine Aufnahme vom 30. Juni 1944, Liegeplatz Kaafjord.

Am 12. Juli 1944 machten britische Aufklärer dieses Foto. Es zeigt die TIRPITZ nach einem weiteren schweren Angriff. Große Öllachen umgeben das Schiff und deuten auf Lecks hin. Der Steuerbordkran wurde Opfer des Angriffs, um das Schiff herum zahlreiche Hilfsfahrzeuge und Prähme, die Reparaturarbeiten sind in vollem Gange.

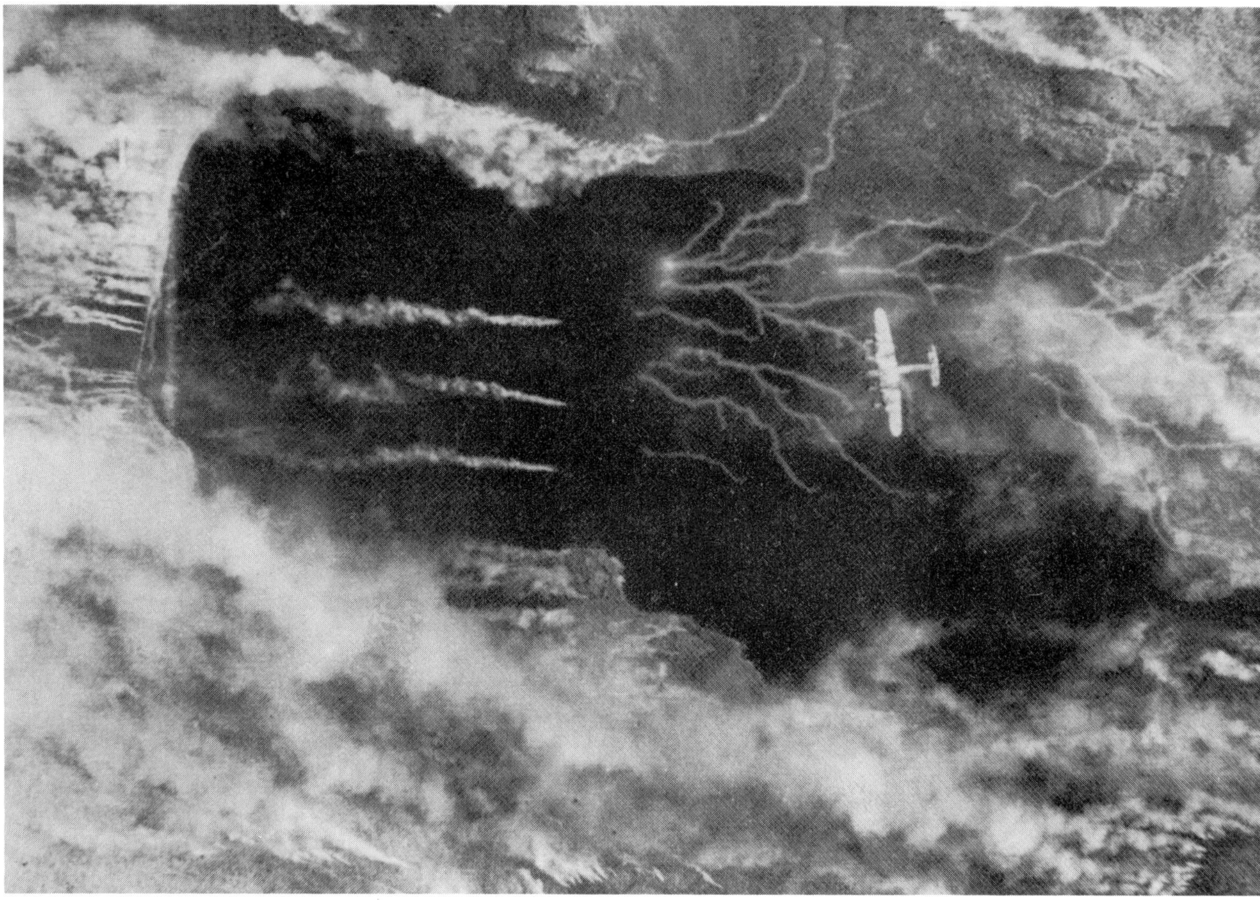

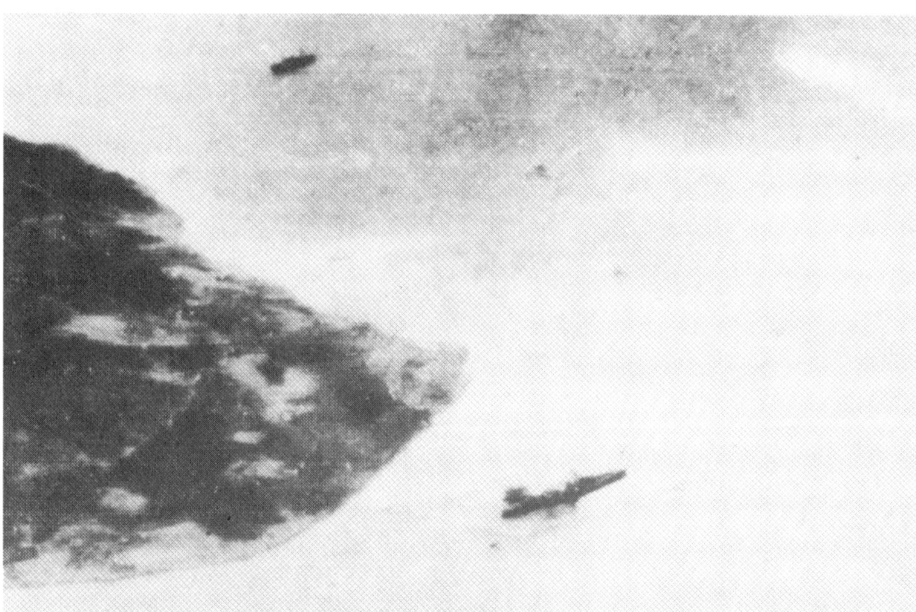

Eine britische Luftaufnahme vom 15. September 1944. Deutlich zu erkennen das Bemühen der Vernebelung. In der Bildmitte einer der angreifenden viermotorigen Bomber.

Das Ende am 12. November 1944. Bereits auf große Entfernung versucht die TIRPITZ mit ihren 38-cm-Türmen Sperrfeuer zu schießen.

Eingedeckt von riesigen Fontänen einzelner Nahtreffer und Detonationswolken direkter Treffer (siehe links die Detonationswolke eines Fehlwurfes), ist das Schiff nicht mehr zu retten.

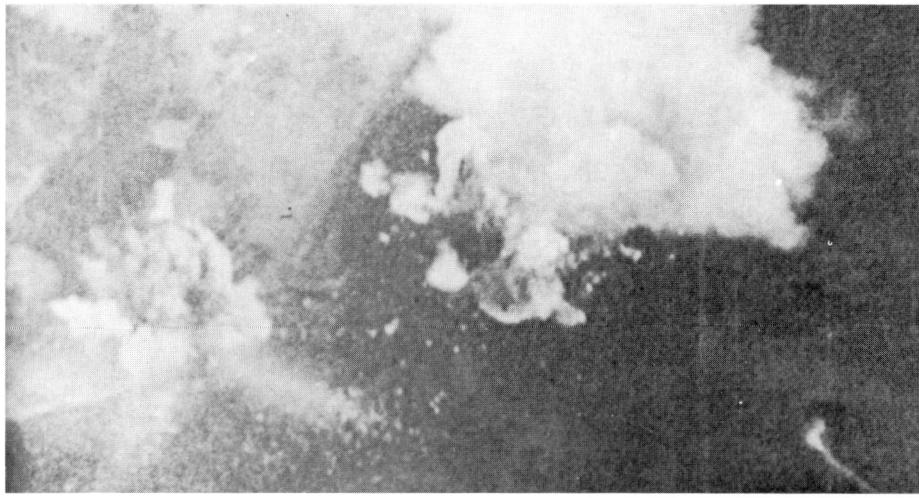

Der helle Punkt in der riesigen Wolke um das Schiff ist ein Direkttreffer.

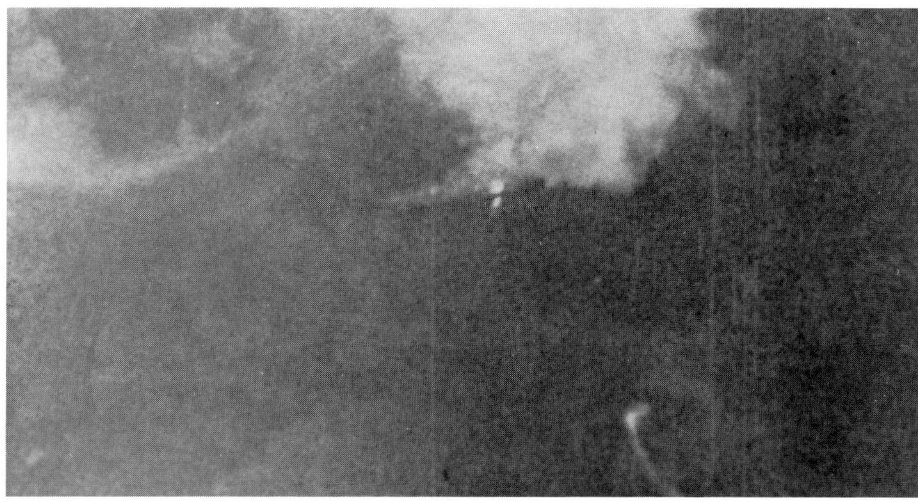

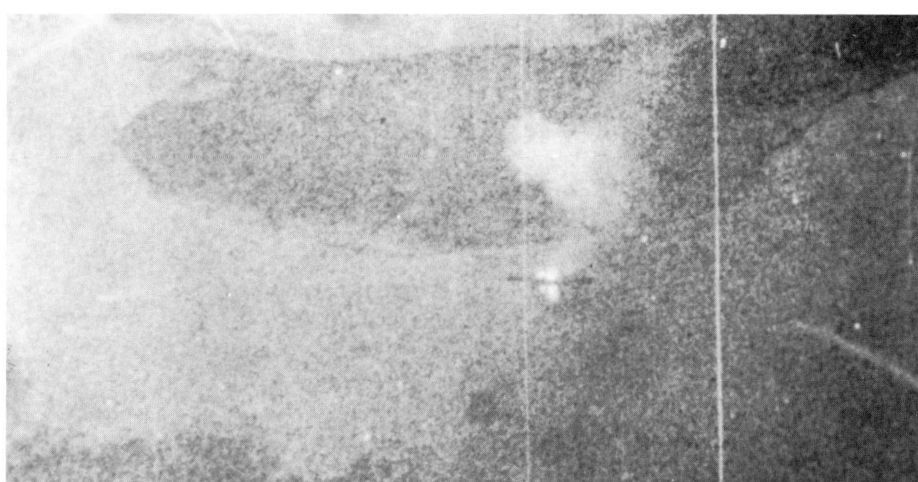

Auch hier deutet der helle Punkt hin auf einen direkten Treffer.

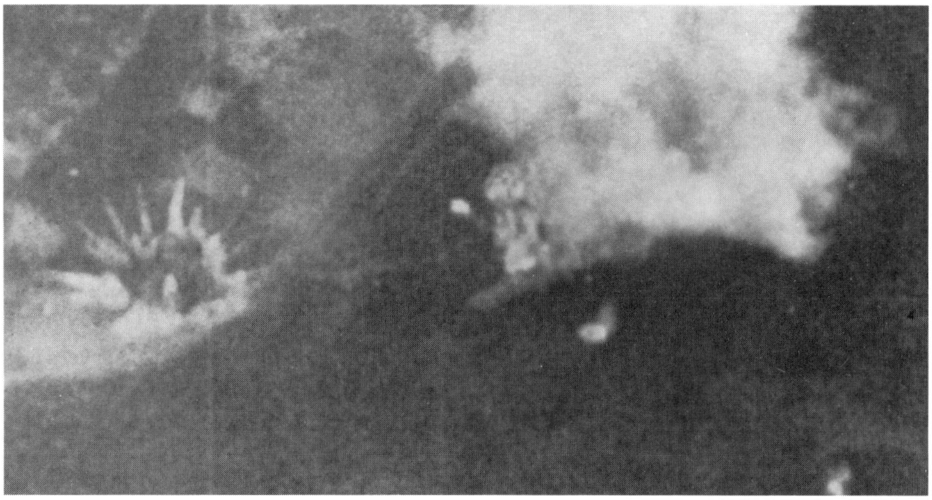

Brände verheeren das Schiff, an der linken Seite ein weiterer Fehlwurf.

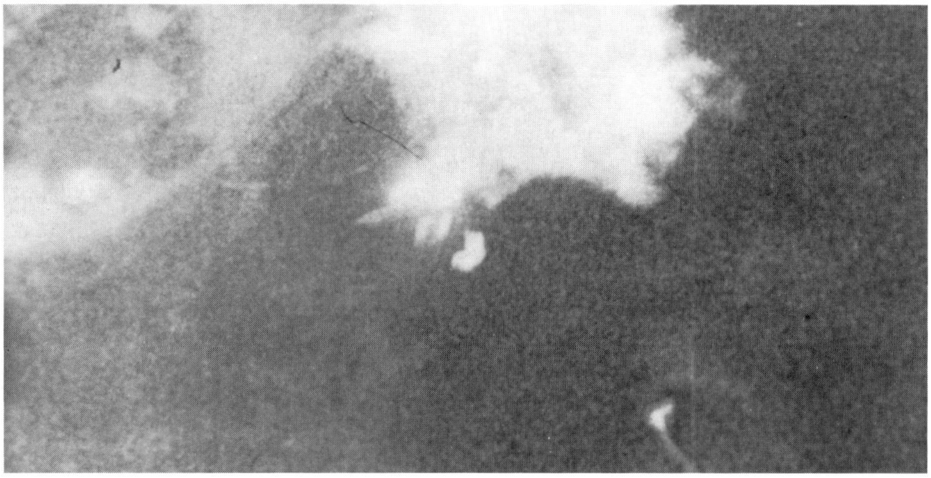

Eine gewaltige Rauchwolke hüllt das Schiff ein.

Das Ende, die TIRPITZ liegt im Sterben.

Das Schiff kentert.

Kurz danach, zahlreiche Hilfsmannschaften besteigen den Schiffsboden, darunter viele Angehörige des zuvor ausgeschifften schiffstechnischen Personals, insbesondere der Pumpenmeisterei, um zu retten, was zu retten ist. Dank ihrer vorzüglichen Kenntnis des Zustandes des Schiffes, seiner Ein- und Unterteilung, der Wege in bestimmte Räume und Abteilungen gelingt es schließlich, noch eingeschlossene Besatzungsangehörige zu bergen.

Das längsseits gegangene Werkstattschiff HUASCARAN.

22. März 1949. Die TIRPITZ wird endgültig abgebrochen.

Literatur- und Quellenverzeichnis

Bücher

Aßmann, Kurt: Deutsche Seestrategie in zwei Weltkriegen. Heidelberg 1957

Baum, Walter/Weichhold, Eberhard: Der Krieg der »Achsenmächte« im Mittelmeerraum. Göttingen 1973
Bennett, Geoffrey: Seeschachten im 2. Weltkrieg. Koblenz/Bonn 1981
Bidlingmaier, Gerhard: Einsatz der schweren Kriegsmarineeinheiten im ozeanischen Zufuhrkrieg. Neckargemünd 1969
Bismarck, Otto Fürst von: Gedanken und Erinnerungen. 3 Bde. Volksausgabe. Stuttgart/Berlin 1905
Bräckow, Werner: Die Geschichte des deutschen Marine-Ingenieur-Offizierskorps. Oldenburg 1974
Brennecke, Jochen: Schlachtschiff BISMARCK. Herford 1960
ders.: Schlachtschiff TIRPITZ. Herford 1978
Breyer, Siegfried: Schlachtschiffe und Schlachtkreuzer 1905-1970. München 1970
ders.: Großkampfschiffe 1905-1970. Bd. 1: Großbritannien und Deutschland. München 1977
ders./Koop, Gerhard: Von der EMDEN zur TIRPITZ. Bd. 1. 2. Aufl. München 1982
dies.: Die deutsche Kriegsmarine. Bd. 4 und 5. Friedberg 1988/89
Brown, David: Die TIRPITZ. München 1980

Churchill, Winston S.: Der Zweite Weltkrieg. Erster Bd. Bern 1949
Conway's All the World's Fighting Ships 1922-1946. London 1980

Diwald, Helmut: Der Kampf um die Weltmeere. München/Zürich 1980
Dönitz, Karl: Zehn Jahre und zwanzig Tage. Erinnerungen 1939-1945. 9. Aufl. Koblenz 1985
Dülffer, Jost: Weimar, Hitler und die Marine. Düsseldorf 1972
Dulin/Garzke: Battleships. Bd. 3. Annapolis 1986

Engelberg, Ernst: Bismarck. Urpreuße und Reichsgründer. Berlin 1985
Evers: Kriegsschiffbau. Berlin 1943

Friedman, Norman: Battleships. London 1978

Gall, Lothar: Bismarck. Der weiße Revolutionär. Frankfurt/M. 1980
Grenfell, Russell: Jagd auf die BISMARCK. 2. Aufl. Tübingen 1958
Gröner, Erich: Die deutschen Kriegsschiffe 1815-1945. Bd. 1. 2. Aufl. Koblenz 1989
Haffner, Sebastian: Von Bismarck zu Hitler. München 1981
ders./Venohr, Wolfgang: Preußische Profile. Frankfurt a. M./Berlin 1986
Handbuch zur deutschen Militärgeschichte 1648-1939. Hrsg. vom Militärgeschichtlichen Forschungsamt. Bd. 4/Abschnitt VIII: Deutsche Marinegeschichte der Neuzeit. München 1979
Hildebrand, Hans H./Stöhr, Albert/Steinmetz, Hans-Otto: Die deutschen Kriegsschiffe. Biographien. Bd. 1 und 6. Herford 1979 und 1982

Irving, David: Die Schlacht im Eismeer. Der Untergang des Geleitzuges PQ 17. Hamburg 1982

Lewin, Ronald: Entschied ULTRA den Krieg? Alliierte Funkaufklärung im 2. Weltkrieg. Koblenz/Bonn 1981
Lohmann, Walter/Hildebrand Hans H.: Die deutsche Kriegsmarine 1939-1945. Gliederung, Organisation, Stellenbesetzung. 3 Bde. Bad Nauheim 1956-1964

MacLean, Alistair: Die Männer der ULYSSES. Berlin 1957
Müllenheim-Rechberg, Burkhard Frhr. von: Schlachtschiff BISMARCK 1940/41. Berlin 1980

Peillard, Leonce: Versenkt die TIRPITZ! Wiesbaden 1977
Pemsel, Helmut: Seeherrschaft. Eine maritime Weltgeschichte von den Anfängen der Seefahrt bis zur Gegenwart. 2 Bde. Koblenz 1985
ders.: Biographisches Lexikon zur Seekriegsgeschichte. Koblenz 1985
Potter, Elmer B./Nimitz, Chester W./Rohwer, Jürgen: Seemacht. Eine Seekriegsgeschichte von der Antike bis zur Gegenwart. München 1974

Raeder, Erich: Mein Leben. 2 Bde. Tübingen 1956/57
Raven, Alan/Roberts, John: Die britischen Schlachtschiffe des Zweiten Weltkrieges. 3 Bde. München 1980/81
Rohwer, Jürgen/Hümmelchen, Gerhard: Chronik des Seekrieges 1939-1945. Oldenburg/Hamburg 1968
Rößle, Wilhelm: Bismarcks Politik nach seinen Staatsschriften und Reden. Jena 1943
Rothfels, Hans: Bismarck und der Staat. Stuttgart 1964

Salewski, Michael: Die deutsche Seekriegsleitung 1935-1945. 3 Bde. Frankfurt a. M./München 1970-1975
ders.: Tirpitz. Aufstieg, Macht, Scheitern. Göttingen 1979
Santoni, Alberto: ULTRA siegt im Mittelmeer. Die entscheidende Rolle der britischen Funkaufklärung 1940-1943. Koblenz 1985
Schmalenbach, Paul: Die Geschichte der deutschen Schiffsartillerie. Herford 1968
Schofield, Brian: Der Untergang der BISMARCK. Stuttgart 1976
Tirpitz, Alfred von: Erinnerungen. Leipzig 1919
ders.: Politische Dokumente. Deutsche Ohnmachtspolitik im Weltkriege. Hamburg/Berlin 1926

Wagner, Gerhard (Hrsg.): Lagevorträge des Oberbefehlshabers der Kriegsmarine vor Hitler 1939-1945. München 1972

Periodika

Jahrbuch der Schiffbautechnischen Gesellschaft (verschiedene Jahrgänge)
Marinearsenal (verschiedene Hefte)
Marineforum (verschiedene Jahrgänge)
Marine-Rundschau (verschiedene Jahrgänge)
Schiffbau (verschiedene Jahrgänge)

Tages- und Wochenzeitungen, Zeitschriften (verschiedene Ausgaben)

Quellen

Bundesarchiv/Militärarchiv, Freiburg i. Br. (Pläne)
Archiv Koop
Public Record Office: Tirpitz, An account of the various attacks carried out by the British Armed Forces and their effect upon the German Battleship, Vol. 2: Evidence for detailed accounts of damage, BR, 1736(22)B

Abkürzungen / Begriffe / Erläuterungen

A — Bei der (deutschen) Marine Kennbuchstabe für den ersten Turm der schweren Artillerie, Abkürzung für »Anton«.

Anmerkung: Im Gegensatz zur sonst üblichen Kennzeichnung und Zählung aller Schiffsräume und -abteilungen, die stets von achtern nach vorn geht, werden die Waffen immer umgekehrt von vorne nach hinten gezählt und bezeichnet.

Abt. — Abteilung, siehe Anmerkung zu → A

a. D. — außer Dienst, Außerdienststellung

Adm — Admiral

AO — Artillerieoffizier, noch weitere Unterteilung je nach Größe des Schiffes und Zahl der Waffen, wie IAO, IIAO, IIIAO usw. = Erster Artillerieoffizier, Zweiter Artillerieoffizier, Dritter Artillerieoffizier usw.

AP — Associated Press

atü — Atmosphäre(n), Überdruck

B — Kennbuchstabe für Turm »Bruno«, siehe unter → A

BA/MA — Bundesarchiv/Militärarchiv

Baugruppe — Jede Baugruppe eines Schiffes ist einer Hauptbaugruppe zugeteilt und wird bei der Berechnung des Entwurfes und der Konstruktionsdaten mit einem entsprechenden Kennbuchstaben versehen. Dieser Kennbuchstabe bleibt für die gesamte Verwendungsdauer/Indiensthaltung eines Schiffes bestehen. Sie lauten:

- S — Schiffskörper mit Unterteilung/Schiffsgewicht
  - S I = Baumaterialien, wie Baustahl ST 45 und ST 52, außerdem Wasserlinienpanzer
  - S II = Schlosser
  - S III = Tischler
  - S IV = Maler
- A — Artilleriebewaffnung und -panzerung mit Geräten
- T — Torpedobewaffnung mit Geräten
- F — Flugzeugausrüstung mit Geräten
- Spr — Sperrwaffen mit Geräten
- I — Allgemeine Geräte
- N — Nautische Geräte
- Ta — Takelage
- M I — Hauptmaschinen mit Anschluß, Kondensatoren, Getriebe, Kupplungen, Wellenleitungen, Propeller, Hilfsmaschinen für den Betrieb der Hauptmaschinen, Rohrleitungen für den Betrieb der Hauptmaschinen, Auspuff/Rauchfang, Geräte, Verschiedenes, Kessel mit Armaturen, Öl und Wasser in der Anlage
- M II — Hilfskesselanlage, Schiffsheizung, Wasch- und Trinkwassererzeuger, Wäscherei, Badeanlagen, Apparate für Küche usw., Pumpen für Schiffszwecke, Elektrische Primäranlage, Beleuchtung, Kabel, Rudermaschine, Spille, Bootswinden, Lüfter für Schiffsräume, Waffenantriebe, Kühlanlage, Scheinwerfer, Signallaternen, Kommandoelemente, Kreiselkompaß, Fahrtmeßanlage, Sirenen, Werkstätten

Bb — Backbord

BRT — Bruttoregistertonne(n)

BÜ — Befehlsübermittler/Befehlsübermittlungsanlagen

C — Kennbuchstabe für Turm »Caesar«, siehe → A

C — Kennbuchstabe für das Konstruktionsjahr eines Geschützes oder einer Lafette

cm — Zentimeter

cm^2 — Quadratzentimeter

cwl — Konstruktionswasserlinie

D — Kennbuchstabe für Turm »Dora«, siehe → A

E-Anlage	Elektrotechnische Anlage
EDiMot	Dieselmotor zum Antrieb eines Stromerzeugers
EMeßGerät	Entfernungsmeßgerät = Basisgerät
E-Werk	Maschinenraum, in dem zur E-Anlage gehörige Aggregate aufgestellt sind
F	Kennbuchstabe für einen Kriegsschiffneubau, für Großkampfschiffe = Große Buchstaben, für Kreuzer = Kleine Buchstaben. Wenn nur der Buchstabe steht, handelt es sich um einen Ergänzungsbau, steht in Ergänzung des Buchstabens noch »Ersatz«…, so ersetzt der Neubau ein noch vorhandenes Schiff.
Flak	Fliegerabwehrkanone(n)
FKpt	Fregattenkapitän
Frhr.	Freiherr
FuMO	Funkmeßortungsgerät
FuMB	Funkmeßbeobachtungsgerät
G	siehe → F
g	Gramm
GM	siehe → MG
g/PSh	Verbrauchsmaß: Gramm pro Pferdestärke in der Stunde
h	Formelzeichen für Stunde
(Ing)	Ingenieur, in Klammern stehender Zusatz bei einem Offizierdienstgrad, der diesen als Ingenieuroffizier ausweist
i. V.	In Vertretung
KAdm	Konteradmiral
KC	Krupp-cemented, Bezeichnung für einen Panzerstahl
kcal/kg	Kilokalorien pro Kilogramm
kcal/kg/h	Kilokalorien pro Kilogramm und Stunde
kg	Kilogramm
kg/mm^2	Kilogramm pro Quadratmillimeter
kg/PS	Kilogramm pro Pferdestärke (Leistungsgewicht)
KKpt	Korvettenkapitän
Klasse	siehe unter → Typ/Klasse
kn/Kn	Knoten (Seemeilen pro Stunde), Geschwindigkeitsmaß

Kptlt	Kapitänleutnant
KptzS	Kapitän zur See
kW	Kilowatt
kVA	Kilo-Volt-Ampère
L/…	Länge eines Geschützrohres in Kalibern
LI	Leitender Ingenieur
L_{pp}	Länge zwischen den Perpendikeln (Loten)
Lüa	Länge über alles
m	Meter
m^2	Quadratmeter
m^3	Kubikmeter
m^4	Meter in 4. Potenz
MA	Mittelartillerie
Meile	Längenmaß, 1 Meile = 1609 m
MES	Mineneigenschutz
MG	Metazentrische Höhe, Stabilitätsmaß, heute → GM
Min.	Minute(n)
Mio	Million(en)
mm	Millimeter
mm WS	Millimeter Wassersäule
m/sek	Meter pro Sekunde
mt	Megatonne(n)
MWM	Motorenwerke Mannheim
NO	Navigationsoffizier
NRT	Nettoregistertonne(n)
ObdM	Oberbefehlshaber der Kriegsmarine (1935-1945)
OKM	Oberkommando der Kriegsmarine (1935-1945)
PK	Propagandakompanie = Kriegsberichter
PQ	Buchstabenkennung für Geleitzüge, die von Island bzw. Schottland aus nach Murmansk bzw. Archangelsk gingen. Insgesamt 19 Convoys (PQ 1 - PQ 18) kamen zwischen 1941 und 1945 in Fahrt mit insgesamt 276 Schiffen, von denen 53 versenkt wurden. Andere Geleitzüge führten Kennungen wie OW usw.

PS	Pferdestärken, Leistungsmaß, heute nicht mehr gültig
PSe	Pferdestärken, effektiv, Leistungsmaß von Motoren, heute nicht mehr gültig
QP	Buchstabenkennung für Geleitzüge, die von Archangelsk bzw. Murmansk nach Schottland bzw. Island zurückliefen. Von ihnen machten sich insgesamt 15 Stück, QP 1 - QP 15, auf den Rückweg. Es waren insgesamt 223 Schiffe, von denen 16 verloren gingen
RAF	Royal Air Force
RM	Reichsmark
RN	Royal Navy
SA	Schwere Artillerie
Stb	Steuerbord
SK/Sk	Schnellade- / Schnellfeuerkanone
sm	Seemeile(n), 1 Seemeile = 1825 Meter
t	Tonne, 1 Tonne = 1000 kg
t/h	Tonnen pro Stunde
TNT	Bezeichnung für einen Sprengstoff, hier Trinitrotoluol
TR	Torpedorohr(e)
ts	tons, 1 ts = 1016 kg
Typ/Klasse	Allgemeiner Begriff zur Einteilung von Kriegsschiffen. *Typ*: Oberbegriff für die Bezeichnung einer Schiffsgattung wie Schlachtschiff, Schwerer Kreuzer, Zerstörer usw., bei kleineren Einheiten zusätzliche Unterteilungen, wie Typ VII A, VII B, IX A usw., oder bei Zerstörern Typ 1934, 1936, 1936 A u. a. m. *Klasse*: Bezeichnung innerhalb eines Typs, wie bei großen Einheiten »BISMARCK-Klasse«, »SCHARNHORST-Klasse«, »HIPPER-Klasse« usw. Das heißt, zu einer Klasse desselben Typs gehören mehrere Einheiten gleicher Art: Größe, Aussehen, Bewaffnung, Geschwindigkeit usw.
u. a. m.	und anderes mehr
U/min	Umdrehungen pro Minute
usw.	und so weiter
v.	von
VAdm	Vizeadmiral
V-Boot	Verkehrsboot
VDI	Verein Deutscher Ingenieure
V_O	Zeichen für Mündungsgeschwindigkeit (V-Null)
Wh	Wotan hart, Bezeichnung für einen Panzerstahl
WPS	Wellenleistung, heute nicht mehr gültig
Ww	Wotan weich, Bezeichnung für einen Panzerstahl
z. B.	zum Beispiel
z. V.	zur Verfügung
0900 Uhr	Uhrzeitgruppe
..°..'./..°..'.	Längen- und Breitenangabe auf Seekarten
%	Prozent
...°	(Winkel-)Grad(e)
°C	Grad Celsius, Temperaturangabe
IO	Eins-O = Erster Offizier
α	Alpha = Völligkeitsgrad der Konstruktionswasserlinie, das Verhältnis des zwischen den Loten liegenden Flächeninhaltes der Konstruktionswasserlinie zum umschriebenen Rechteck aus der Länge zwischen den Loten und der größten Breite der Schwimmebene
β	Beta = Völligkeitsgrad des Hauptspantes, das Verhältnis der bis zur Konstruktionswasserlinie eingetauchten Fläche des Hauptspantes zum umschriebenen Rechteck aus der größten Breite dieses Spantes in bzw. unterhalb der Konstruktionswasserlinie und der Tauchtiefe bis Unterkante Spantwinkel bzw. Außenkante Sponung
δ	Delta = Völligkeitsgrad der Verdrängung, das Verhältnis des zwischen den Loten liegenden Deplacements auf den Spanten ohne Anhänge und dem umschriebenen Parallelepided aus der Länge zwischen den Loten, der größten Breite des Schwimmkörpers und der Tauchtiefe bis Unterkante Spantwinkel bzw. Außenkante Sponung im Hauptspant

Register

Die Autoren

Gerhard Koop

Jahrgang 1926. Marineoffizier. 1941 Eintritt in die Kriegsmarine, Unteroffiziervorschüler, Einsatz in der Ubootwaffe. Seit 1951 im Bundesgrenzschutz, 1956 Übertritt in die Bundesmarine. Bis 1975 Bordkommandos auf Schnellbooten, Ujagdbooten, Minensuchern, Fregatten und Versorgern als Schiffstechnischer Offizier, dazwischen 1960-1962 Fachlehrer an einer Technischen Marineschule. Ab 1975 Sachbearbeiter für Motoren beim Marineunterstützungskommando. 1981 Ruhestand.
Publizistische Tätigkeit als Autor, Fachübersetzer und Mitarbeiter von marinegeschichtlichen und schiffstechnischen Werken.

Buchveröffentlichungen:
Die deutschen Segelschulschiffe (mit K.-P. Schmolke, 1989)
Planrolle: Segelschulschiff Gorch Fock (II) (mit K.-P. Schmolke, 1989)
Die Marine in Wilhelmshaven (mit E. Mulitze, 1987)
Emden. Ein Name — fünf Schiffe (1983)
Von der Kaiserlichen Werft zum Marinearsenal (mit K. Galle und F. Klein, 1982)
Von der Emden zur Tirpitz (mit S. Breyer, 2 Bände, 1981/82)
Die Schiffe und Fahrzeuge der deutschen Bundesmarine 1956-1976 (mit S. Breyer, 1978)

Übersetzungen:
Kriegsschiffe der Welt 1860-1905 (3 Bände, 1983-85)
Howard, Segel-Kriegsschiffe 1400-1860 (1983)
Raven/Roberts, Die britischen Schlachtschiffe des Zweiten Weltkrieges (3 Bände, 1980/81)
Brown, Die Tirpitz (1980)

Klaus-Peter Schmolke

Er ist einer der besten deutschen Zeichner von maßstäblichen Schiffs- und technischen Skizzen und hat an einer Reihe von einschlägigen Publikationen mitgearbeitet (u.a. G. Koop, Die deutschen Segelschulschiffe, 1989; Planrolle: Segelschulschiff Gorch Fock, 1989).